高等艺术设计专业系列教材

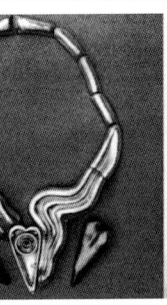

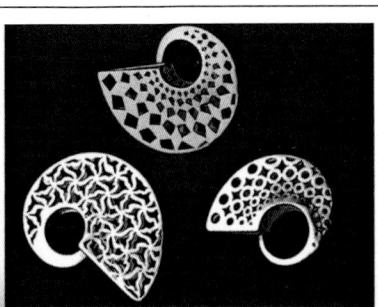

现代首饰工艺与设计

邹宁馨　伏永和　高伟　编著

中国纺织出版社

高等艺术设计专业系列教材编委会

主　　编：王铁城

执行主编：贾荣林　崔　唯

编　　委（以姓氏笔画为序）：

王铁城　尼跃红　刘玉庭　陈六汀　邹宁馨　严渝仲

张　森　赵云川　贾荣林　崔　唯　詹　凯　詹炳宏

丛书序

　　艺术设计是一门新兴的交叉性、综合性学科，其专业方向逐渐涵盖了人们生活基本要素和文化需求的各个层面。随着当代经济全球化和知识经济的快速发展，科学技术与文化艺术的相互交融，社会主流文化、大众文化、时尚文化、网络文化的多元并存，经济的文化力和文化的产业化的有序进展，构成了极具潜力的文化、艺术人才需求空间，为高校艺术设计教育和学科的发展带来了空前的机遇。

　　在艺术设计的教育教学中，以理论研究为先导带动艺术设计的创新，已成为不争的事实。早在20世纪初期，德国包豪斯设计学院就为现代艺术设计教育理论研究和学科建设树立了典范。时至今日，那些凝聚着包豪斯办学思想和教育理念的教科书，如康定斯基的《点、线、面》、伊顿的《色彩构成》等，依然深刻地影响着国际艺术设计的教育教学，指导着一代又一代设计师的创作思维和设计实践。

　　北京服装学院艺术设计学院，建立于1988年。经过院系领导和全体师生多年来的共同努力，在教育理念、学科建设、师资队伍、教学科研等方面都取得了可喜的成绩，逐步形成了自己的学科优势和教学特色。为继续加强我院艺术设计学科教材建设，艺术设计学院组织一批年富力强的学术骨干撰写出了一套高等艺术设计系列教材。该系列教材内容包括了艺术设计学科的多个相关专业方向的教学课程，既有专业基础平台课和专业设计主干课程，又有对新课程和新专业领域的前瞻性理论研究。在教材的整体把握上，既注重系统性和学术性，又兼顾普及性和实用性。

　　该系列教材的出版，对规范艺术设计专业教学体系、调整艺术设计课程结构、改进艺术设计教学内容与方法、完善当代艺术设计专业教学体系、提升艺术设计教育教学水平，将会起到积极的作用。我相信，这套系列教材不仅可以为高校艺术设计教育教学提供理论和实践的参照，也为广大艺术设计领域的从业者和专业爱好者的知识更新和设计创作提供有益的参考。

　　祝贺高等艺术设计专业系列教材的出版，并对中国纺织出版社的鼎力支持表示真诚的谢意。

北京服装学院副院长、教授
2004年3月11日

序

在我国，首饰设计是一门新兴的学科。

让人欣慰的是，北京服装学院艺术设计系装饰艺术设计专业自从1993年把首饰设计纳入高等教育课程体系开始，至今已有十年了。十年间，我们借鉴日本、欧美的现代首饰设计模式，结合中国传统的工艺文化，构建起一整套有鲜明特色的现代首饰教学体系。这个体系把首饰文化、材料、工艺、设计、市场看作一个不可分割的整体。它们相互联系、相互影响，并且始终围绕首饰设计这个整体的核心。

本书重点讲述首饰的材料、工艺与设计。材料是首饰设计的物质载体，工艺是设计构思物化的技术手段，是设计的中间过程。近年来，越来越多的业余爱好者已经加入首饰设计的行列。遗憾的是，直到现在很多首饰的制作技术仍然保留在很小范围的首饰艺人和部分首饰厂技术人员手中，未能推广。因此本书把材料与工艺作为重点内容，进行讲述。

书中内容包括首饰制作的工具设备与使用方法，实用的手工首饰制作技术，首饰设计的一般方法和规律等，适用的对象是已经具备一定美术基础和设计基础的学生、爱好者和具有一定基础的手工艺人。书中对材料、工艺技术、设计规律进行了归纳、整理、论证和发展，是作者经过若干年首饰设计实践的经验总结。

希望本书能给读者在首饰设计与制作方面提供一些帮助，同时也希望首饰制作爱好者能够掌握更多的技巧，把首饰做得更好。在此对提供技术信息、提供图片和首饰实物的同仁表示衷心的感谢。

作者
2005年5月

目 录

第一章　工具设备与使用方法 ·· 1
第一节　基本工具 /1
第二节　工作器材 /4

第二章　各种金属材料及其特性 ·· 7
第一节　铂金 /7
第二节　黄金 /8
第三节　白银 /10
第四节　铜 /10
第五节　其他金属 /11
第六节　质量标识 /12

第三章　首饰的制作工艺 ·· 13
第一节　基本材料的加工 /13
第二节　退火 /17
第三节　酸洗 /17
第四节　锻打 /19
第五节　肌理效果的制作 /19
第六节　金属材料的切割 /19
第七节　线锯的使用 /20
第八节　钻的使用 /21
第九节　钳子的用法 /23
第十节　钢的蘸火 /23
第十一节　金属成型 /24
第十二节　铆接 /26
第十三节　熔融焊接 /27
第十四节　焊接 /28
第十五节　花丝工艺 /34
第十六节　锉削技术 /35
第十七节　砂纸的使用方法 /36

第十八节　化学处理　/37
第十九节　抛光及擦亮　/38

第四章　首饰的表面装饰 …………………………………… 42
第一节　錾花工艺　/42
第二节　压印　/46
第三节　雕刻　/47
第四节　酸蚀　/51
第五节　喷砂　/55
第六节　做旧　/56
第七节　褶皱肌理的制作　/57
第八节　金珠粒工艺　/58
第九节　电镀　/61

第五章　珐琅工艺 ……………………………………………… 68
第一节　珐琅釉料的准备　/69
第二节　胎体金属的准备　/69
第三节　点蓝　/70
第四节　焙烧过程　/71
第五节　后期处理及注意事项　/71
第六节　珐琅的种类及制作方法　/72

第六章　首饰铸造工艺 ………………………………………… 79
第一节　首饰铸造工艺概况　/79
第二节　铸造形体设计的可能性及造型规律　/80
第三节　熔模铸造工艺　/81

第七章　首饰镶嵌工艺 ………………………………………… 92
第一节　金属镶嵌　/92
第二节　嵌接非金属材料　/96

第三节　宝石镶嵌　/97

第八章　现代首饰设计的基本规律 ……………………………… 110
第一节　首饰设计的定义　/110
第二节　首饰设计的要素与步骤　/110
第三节　首饰设计能力的提高与培养　/125

优秀首饰设计欣赏 ……………………………………………… 128

第一章　工具设备与使用方法

第一节　基本工具

首饰制作的工具种类很多，但用于手工制作的基本用具在首饰工具商店都能买到。质量好的工具价格相对较高，但使用起来较为方便、高效。因为不同的制作工艺需用不同的工具，例如，雕刻、镶石、铸造等都要用到不同的工具，因此本书很难对所有工具一一介绍。

要制作完美的首饰作品，建议使用下列工具，对这些工具深入的介绍见以后的章节。

一、焊接设备

焊接设备能提供一个清洁的、高热的并能快速焊接的火焰。焊接流程在首饰制作过程中占有很重要的地位，购置设备的时候要特别注意自己适合使用什么能源的焊炬（天然气、煤气都可用）。焊炬主要有两种（图1-1）。

（一）家庭作坊用焊炬

精密的首饰制作应用烧丙烷或丁烷的焊炬，这种设备安全、实用、成本不高，火焰长度由一个旋钮控制，热度足以熔化金、银焊料。一罐煤气可用几十个小时，便于更换。

（二）学校或个体首饰艺人适用的焊炬

多用小型焊炬，焊炬头部可更换，以适应焊接不同尺寸的焊口。燃料为煤气和压缩空气或纯氧，根据自己的实际需要购买。焊炬根据所使用的燃料不同而设计。空气压缩机一般有储气罐，可以不间断地供给压缩空气，并同时带几个

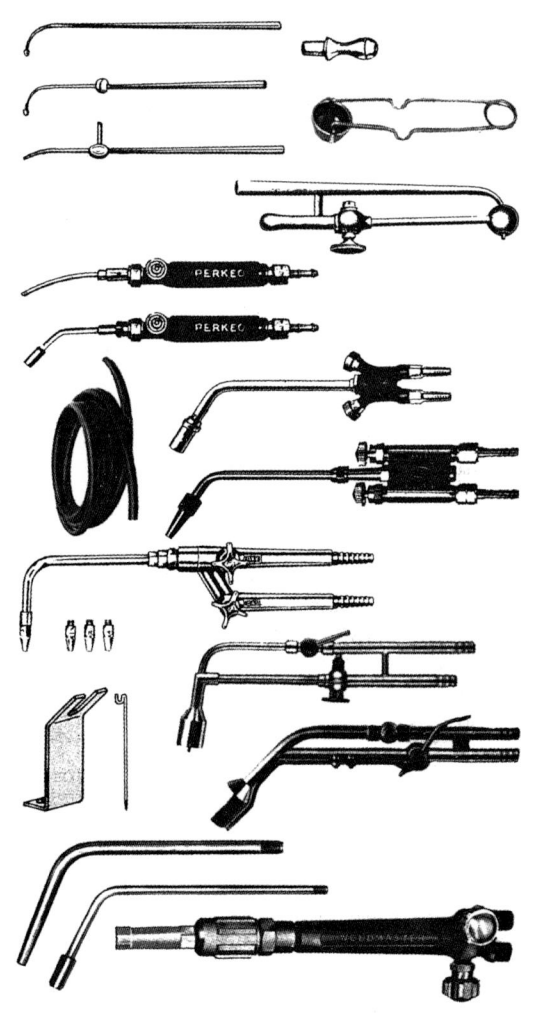

图1-1　焊炬

焊炬。其他提供压缩空气的器械还有"皮老虎"、鱼缸加气泵等。用乙炔做燃料能提供很高的温度，适于加工铂金。

以下是常用燃料所达温度一览表。

燃料种类	吹 氧（℃）	吹空气（℃）
乙炔	3232	1454
丙烷	2900	1925
天然气	2827	1963

二、焊台

焊台用于焊接和退火。焊台应选安全材料，不炸裂，易于打扫，寿命较长并且不贵的材料。一般应用防火材料制作（如耐火砖），不易吸收热量且能确保安全。大多数金、银首饰可以放在无石棉陶瓷板上进行焊接。蜂巢陶瓷焊板也很适用。

三、焊接盘

焊接盘是一个能旋转的圆盘，上面铺有一层浮石（一种耐火材料，碎砖颗粒也可以），焊银首饰最适用。它可旋转，有助于焊接各个部位。用于退火，能退得很均匀。浮石层还便于插住（固定住）工件，便于焊接。浮石很少吸热，也有利于保持工件的热量。

木炭块也可以起焊接盘的作用。木炭本身能提供热量，表面易于穿孔，便于固定工件，最适宜焊接镶爪。木炭的缺点是很易烧解，表面变得不平。

四、锉刀（图1-2）

锉刀最好选用瑞士出品的，长15cm，0～2号每样一把平锉、三角锉、方锉、圆锉。油锉16cm长一套。

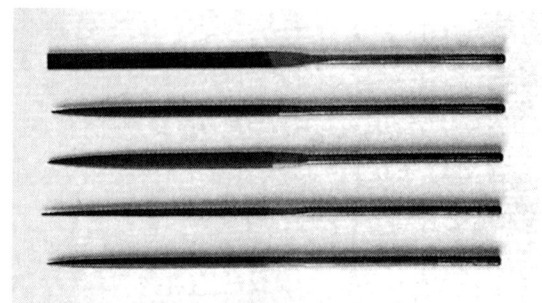

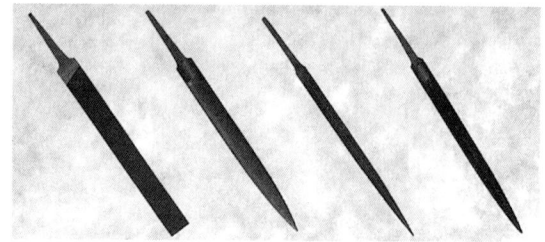

图1-2　各种型号锉刀

五、锯弓（图1-3）

锯弓，以弓长15cm左右，进深7.5cm者最佳，长短最好能调节。

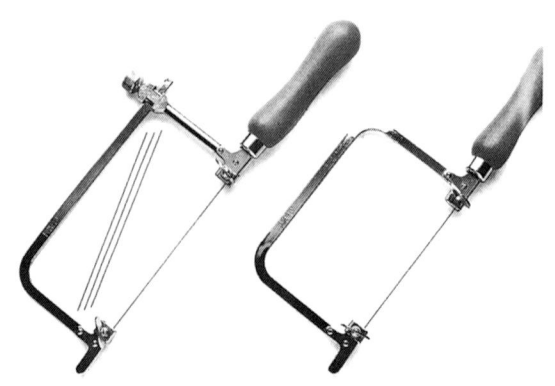

图1-3　锯弓

六、铁剪（图1-4）

剪焊料专用铁剪和大铁剪各一把。

七、钳子（图1-5）

平口钳、圆口钳、半圆口钳、剪线钳（刃于顶部及刃于旁边两种）、平行钳、平行口钳和尖嘴钳。均为光滑钳口，长约13cm。

第一章　工具设备与使用方法

图1-4　各种剪刀

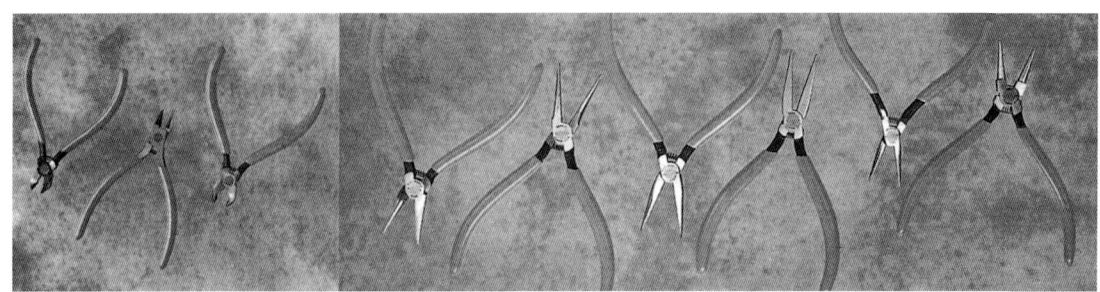

图1-5　各种钳子

图1-6　各种锤子

八、锤子（图1-6）

锤子有铆锤和弧面锤两种，以200~250g重为宜。

九、镊子（图1-7）

镊子有反向镊子（葫芦钳），尖嘴，长度12cm左右为宜。

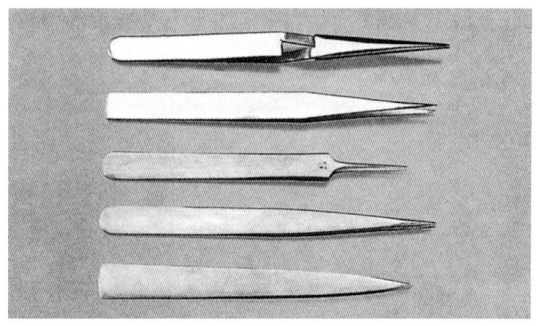

图1-7　各种镊子

十、刻刀

根据刻刀刃口的造型，可分为偏锋、平刃、菱形刃、圆口刃等种类。

十一、研磨刀

有弧形的，也有直的，多用玛瑙制成，也有用工具钢经高抛光制成的"钢压"。

十二、其他工具

带刻度的戒指棒、戒指圈、钢圆规、钢尺、长尺、绘图板、金属划线笔、砂纸棒、胶盘、放大镜等。

另外，可以到五金店买一个铁皮工具箱，用来装首饰工具。塑料工具箱可以用来装焊料、宝石和锉屑。

第二节 工作器材

一、工作台

图1-8所示是标准的专业首饰工作台，下面的抽屉用来接住锉屑和金属碎块，缺口中间镶有锉活板。

工作台应置于朝北的窗户下面，这样光线总是均匀的。焊炬架置于工作台上，方便随时取用。吊钻挂在工作台右上方，蛇形管能伸缩自如。座椅或凳子，以肩膀越过工作台面15cm为最适合位置。如果有条件还应购置一张厚重的工作台，高度在1m左右，用来安设台钳、钻床、坑铁、砧铁和其他较重的工具。这样的工作台台面应厚5cm，最好与地面固定，或者工作台本身分量很重，使用起来不会颤动。

工作台灯以日光灯为好，高度要可调。

在做很小的首饰、雕刻或镶石的时候，最好用放大镜。放大镜有钟表匠用戴于眼眶上的单目放大镜、头盔式双目放大镜等。

二、吊机

用脚控制转速的吊机（又叫吊磨机，吊钻）是现代首饰制作者必不可少的工具（图1-9）。它被用来钻孔、镶嵌、打磨、抛光等。吊机可以挂

图1-8 工作台

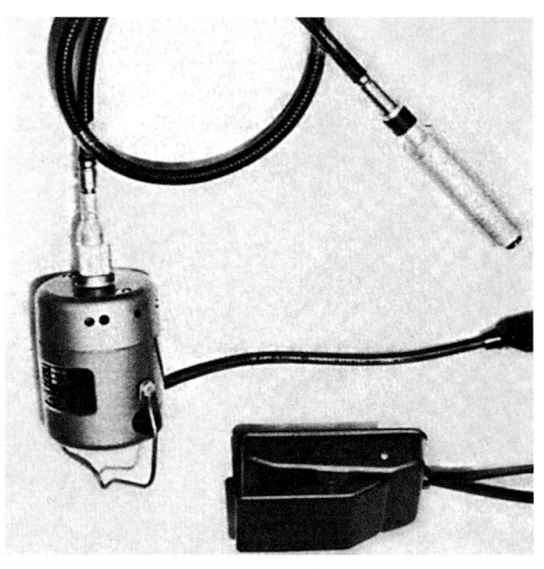

图1-9 吊机

在专门的吊杆上，也可以挂在墙上或天花板上。

吊机有不同的夹头，用于夹住不同尺寸的铣头。铣头根据需要有各种不同的形状，还有用于吊机上的专用钻头、铣刀、砂轮、橡胶轮、抛光轮等。

三、台钻

可变速台钻是首饰制作者的首选（图1-10）。

四、台钳

台钳、小型台钳有固定式和万向型两种。

图1-10　台钻

五、砧铁

用于敲打制作各种金属造型（图1-11）。

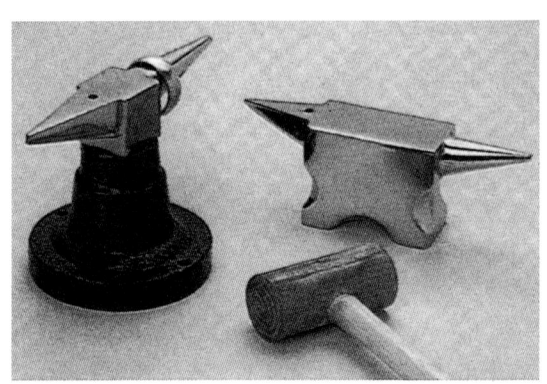

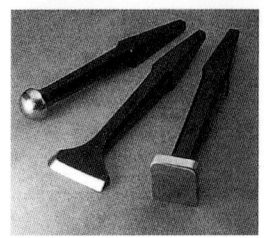

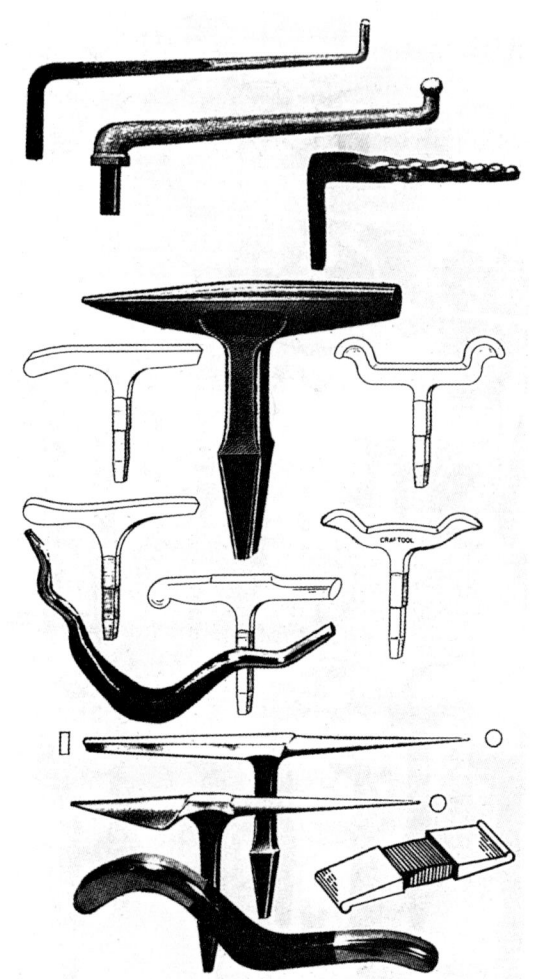

图1-11　砧铁

六、压延机

压延机（压片机、压丝机）是首饰专业必不可少的机器（图1-12）。手动压延机用于学校或小型工作室，电动压延机多用于工厂。平面压滚用于压薄金属片材，方齿压滚则用来压制条材，为拉丝做准备。加工过程中产生的金属碎屑可随时熔铸，经压延机制成适用型材。

七、天平

精密天平用来称白银和黄金。称宝石则应使用更精密的带玻璃罩的天平，这种天平能称出1/200克拉的重量。天平的种类繁多，应按需购置。电子天平在近年也很流行，操作方便。

八、小型剪床

以能剪1.2～1.5mm厚的型材为宜。

九、抛光机

任何电动机，加上一个锥形螺纹头，能旋紧抛光布轮，就能成为抛光机。电动机的两头都安有布轮较理想，带变速器的抛光机最好用。转速最高3600r/s就足够了。专业首饰抛光机带有回收装置（吸尘装置），它不仅能回收贵金属粉末，还能避免长期使用者受粉尘伤害。吸尘罩里的灯要安装牢固，以免发生危险。

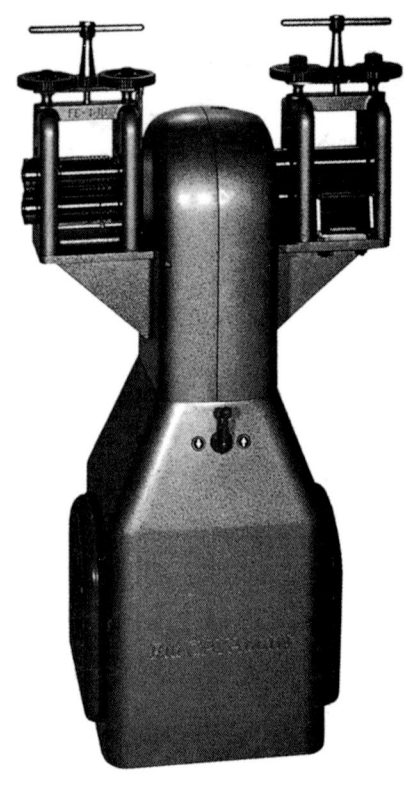

图1-12 压延机

■思考与练习

1. 首饰制作的基本工具有哪些？
2. 应该如何布置首饰工作台？

第二章　各种金属材料及其特性

材料是人类一切造物活动的物质基础。因材施艺，各行其是，材料有着自身的品格。德国建筑家密斯在论及材料时认为："所有的材料，不管是人工的或是自然的都有其本身的性格。我们在处理这些材料之前，必须知道其性格……材料的价值只在于用这些材料能否制造出什么新的东西来。"

不同材料的性质和特征，往往决定了不同的造物品类和与之相适应的技术属性。材料与工艺技术的关系，实际上是能动的人对材料自然属性的遵从和把握的关系。材料性能决定着材质美、潜在的形式美以及工艺形式，从这个意义上来说，材料、工艺、设计三者三位一体，密不可分。根据"木桶短板理论"，对各种金属材料性能的了解，从一定程度上决定着首饰设计、制作水平的高低。材料长期以来形成的社会属性也对设计有着深刻的影响。不可否认，材料的产地和价格也会在一定程度上影响首饰的设计和制作。对金属材料的全面了解是首饰的设计者必须具备的素质。

第一节　铂金

铂金主要产自俄罗斯、哥伦比亚、南非和加拿大。它以天然金块的游离状态存在于地球上，在许多情况下，铂金与黄金、白银共生，精炼镍和铜的时候也能获得铂金。

铂金的颜色呈灰白色，不氧化，能够使用铸造、锻打和焊接等制作工艺，铂金的可塑性和延展性都极好。熔化温度很高，熔点1773℃。这是一个非常好的特点，制作者可以用熔点极高的焊料来焊接而又不怕工件熔化。铂金中通常要添加10%的同族金属铱，以加强其硬度，即PT900。

铂金是镶嵌钻石的最佳贵金属，因为它的颜色与宝石一致。铂金还有坚固、便于加工的特性。铂金是一种非常重的金属：密度达21.5，它比14K黄金重1.624倍，比钯重1.825倍。

一、铂金的检测

铂是一种很重的金属，从密度上可以轻易分辨出它与白色黄金的差别。将铂烧红，冷却后无任何氧化反应，而钯和白色黄金会氧化，颜色会转变。用探针测试铂金，方法与黄金探针测法相似。准备一组探针，分别是纯铂针、铂铱合金针、钯铂针和钯针。用王水测试，铱铂合金和铂所起的化学反应极慢，而含铂低的合金，则反应较快，因为含铂低的合金必然含钯、黄金或其他金属较多。为了加快检测速度，通常可以加热测试板（石板）或用一块白色试板（白色石板），更易看清反应的情况。

二、钯

钯属于铂族金属，价格较低，常作铂的代用品。钯的熔点为1554℃，比铂轻得多，差不多是铂的一半（54.8%），钯用来制作较轻的首饰，如耳环。钯（95.5%）与铬（4.5%）的合金能增加硬度，常应用于首饰制造。

第二节　黄金

黄金有的是从河砂中淘出来的，呈游离状，有的存在于石英矿脉中。大部分黄金产自南非、俄罗斯和加拿大，我国山东省的招远市是著名的黄金产地。据说有史以来全球开采出的黄金可以做成一个长、宽、高各30m的立方体。黄金常用于首饰、制币、装饰等。纯金柔软，为了能够佩戴和显出不同的颜色，黄金通常与其他金属做成合金使用。

一、颜色

纯金呈浓黄色，用于制作各式免镶首饰。我国较流行纯金首饰。黄色开金较坚硬，普遍用于造型复杂的首饰，相对来说容易加工。特殊的黄色金合金可以在焊接退火以后，保持原来的弹性；白色黄金用于镶嵌钻石，因为它的白色与钻石很和谐，白色黄金较难加工，质地较硬、易裂；红色金与黄色金共用能显出色彩的对比；绿色金常用于古典首饰。下表是不同颜色金的配方：

名　称	配　方
白色黄金	黄金、镍、铜和锌
黄色金	黄金、银、铜和锌
绿色金	黄金、银含量较多，铜较少
红色金	黄金、较多铜，少量银

"KARAT" 简称K或"开"。

根据所需的K数而加入黄金中的合金分量，K指示纯金所含的比例。24K金为纯金，因此，14K金的含金量就是14/24，每"K"金含金量为4.166%纯金。

二、K金中含金的比例与熔点的关系

名　称	含金比例	熔点（℃）
24K 纯金	1.000	1063
18K 白色	0.750	943
18K 黄色	0.750	927
14K 白色	0.5833	996
14K 黄色	0.5833	879
10K 黄色	0.4167	907

三、黄金合金材料

有些型材是可以直接买到的，也有人喜欢自己配制开金。配金在坩埚中进行，熔配时用一点硼砂，去除合金中的氧化物。金属熔化之后用一根铁棒或石墨棒搅拌，使合金均匀。所加入的非黄金金属称"补口"，不同合金的"补口"首饰器材商店有售。

四、黄金锉屑

制作者通常会把黄金锉屑送给专人做提纯处理。也有人把相同含量K金碎屑收集，铸成金锭或金条备用。

熔铸黄金锉屑之前，先用磁铁吸去铁屑，然后将金屑放于铁盘上，文火焙烧，去除有机物，如木屑、纸屑等，冷却后用清水洗净、焙干就可以重新熔铸。

五、填金

不要认为填金就是将金填入饰物，其实填金只是将一层K金熔接到铜或其他合金之上，然后再锻压成型材，通常所用金层为12K金，而金层又只占整体金属分量的1/10，所以用填金制作的首饰含金量仅占总体首饰重量的1/20。

六、锻压金

锻压金与填金的制作手法相似，只是含金量更少、金层更薄，为整体分量1/30的10K金，因此用这种金制作的首饰含金量应为 1/30 × 10/24=1/72。

七、镀金

用电镀的方法将黄金镀到铜或其他金属材质表面。镀层的含金量不应在10K以下，厚度要超过0.000177mm。通常镀金层非常薄，厚度不超过0.000254mm。

八、黄金检测

黄金检测设备见下图：黑石板一块，含标准K金含量的金探针一套，一瓶硝酸、一瓶王水（1份硝酸、3份盐酸混合）。测试过程如下：

在测试物上锉一凹口，然后滴一滴硝酸。如果出现鲜明的绿色，表示被测物为铜镀金，出现略带桃红的奶油色者则为银镀金。硝酸滴于

黄金K数测试的设备

10K黄金上可见少许化学反应，滴在10K以上的黄金上则几乎不发生化学反应。

如果要检测一件首饰的"K"数，可将其在黑石板上磨几下，留下一个6.5mm宽的擦痕，在它的旁边用相应"K"数、相应颜色的探针划出同样的擦痕，然后将酸同时滴于两个擦痕之上（12K以下应滴硝酸、12K以上应滴王水）。如果探针痕迹快于被测试物发生化学反应，则应尝试更高"K"数的探针擦痕，反之则应用K数低的探针。直到发生同样的化学反应，就可以断定该黄金的K数（含金量）。

绿色金反应得比黄色金快，因为其中含银更多。白色金反应较慢，因为含镍或钯。有些人喜欢用稀释的酸液，以降低反应的速度，特别是测试K数较低合金的时候。

许多黄金供应商不用K金探针，他们直接用已知K数的金块来测试对比。

使用电子测金器是近年最简单、最快捷的方法，虽然不是最准确，但这种新科技可以使我们很快知道金属的含金量。

第三节　白银

纯银几乎是纯白色，非常柔软，延展性极好，为电的最好导体。美中不足的是硫和它的化合物极易使银硫化变黑。纯银太软，制作首饰容易变形，一般把它与铜配成合金，使其变硬，再制成首饰。在首饰制造业中，纯银一般用于制作珐琅或电镀。

一、标准银

标准银又称先令银、纹银。它是一种合金，含量为92.5%银，7.5%铜。这种银用于商业、首饰制造业和打造银器。

二、币银

币银为含量90%的银，10%的铜，这种银仅用于制币。

三、弹簧银

弹簧银是标准银的一种，退火后经过十遍以上锻压或十级以上拉丝形成的有弹性的标准银（925银），通常用来制造领带夹、扣针或用于任何需要一定硬度的地方。

四、银的熔点

名　称	熔　点（℃）
纯银	961
标准银（925银）	893℃

五、银的检测

在一块银材上锉一凹痕，滴一滴硝酸，有以下现象产生：

名　称	现　象
标准银（925银）	溢出奶油色雾
镀银材料	基础金属变绿
镍银（镍锌合金）	变绿
银放入硫酸（稀释硫酸1/10）	变成亮白色，镍银则变成暗黑色
纯银	烧至暗红色，冷却后还原成白色，标准银（925银）则会变黑

第四节　铜

一、紫铜

由于便于加工，颜色特殊，价格低廉，铜在手工艺行业当中应用最多。早在公元前4500年，拜占庭和古埃及人就已经开始使用紫铜。

纯铜是微紫红色的，所以我国有色金属行业把它的专业名称定为紫铜，也有人叫红铜，很容易从颜色上辨认。遗憾的是铜很容易变暗，失去光泽，因此铜的表面经常被涂上油漆，起保护作用。商用铜材纯度达99.9%，0.1%为砷，砷使铜变硬。铜的熔点为1083℃。铜是极佳的电导体和热导体，稍逊于银。

铜的延展性好于标准银（925银）、黄铜、青铜和镍银，利于做成各种造型。铜烧红后容易锻打,但铸造的效果较差;铜能抵御海水侵蚀和大气的腐蚀;铜烧红后浸入冷水或自然冷却都不会使其变硬,要使铜变硬,必须通过辗轧或锤打,锻压、拔丝也可使铜变硬。但锻硬的铜件焊接后会变软,大部分铜首饰焊接后都要经压光处理,以增加表面的硬度,保持住造型。

二、黄铜

黄铜是锌和铜的合金。锌的含量一般占5%~40%。不同用途可使用不同的配比。有时也会加入少量的锡或铝做特定的用途。

(一) 黄铜的分类

黄铜可分为两类:低锌黄铜和高锌黄铜。低锌黄铜,含锌量少于30%;而高锌黄铜锌的含量占30%~40%。

(二) 黄铜的性能

黄铜的延展性比纯铜差,但具有硬度高,抗冲击力强,易切削和机械加工等优点。大部分黄铜烧红后都经不起锻打,一锤就裂,但能够铸造和焊接,上铜锈较慢(相对于紫铜)。镀金首饰几乎都是用黄铜制作的。黄铜经过细致的打磨后颜色亮丽,常用于制造灯具、花瓶、盘子和盒子,黄铜的价格比纯铜低10%左右。

黄铜的颜色差别很大,低锌黄铜呈青铜色、金色。高锌黄铜呈黄色。值得一提的是:含5%~10%的铜锌合金称"商用铜材",颜色美观,是名符其实的"黄铜"。低锌黄铜延展

性较好,比起高锌黄铜来说更耐腐蚀,不用加热也很好加工。但是,高锌黄铜比较结实、坚硬耐磨。锻造铜多为60%铜、38%锌、2%铅含量的合金铜,加热锻打,延展效果极佳,但不能冷却加工。

黄铜的熔点:

金色黄铜　　1065℃

红色黄铜　　1025℃

黄色黄铜　　 930℃

(三) 四种金工常用的黄铜

1. 最后做镀金处理的黄铜:95%铜、5%锌,深青铜色,多用于制造时装首饰、徽章。

2. 商用青铜:90%铜、10%锌,典型青铜颜色,多用于室内装修或制作时装首饰。

3. 红色黄铜:85%铜、15%锌,颜色像纯金,用于时装首饰和五金工具。

4. 黄色黄铜:70%铜、30%锌,呈明亮的黄色,是最常见的黄铜。

三、青铜

从前,青铜普遍被认为是铜和锡的合金。以下的两种青铜最为常见:

普通铸铜含95%铜、5%锡,用于铸币和铸造青铜雕像。

铸钟铜含80%铜、20%锡,用于铸造铜钟。

现代青铜在铜和锡的基础上又增添了磷和铝,但很少用于工艺美术品的制作。

青铜在加工时手感要比纯铜硬。

第五节　其他金属

一、镍银

镍银有时也称为德国银,是铜、锌、镍的合金,并不含银。由于它不易氧化,常被用于制造普通的餐具,或仿冒白银制品。其合金的比例

为：65％ 铜、17％ 锌、18％ 镍。镍银表面常镀白银，此合金熔点为1110℃。因为镍银的熔点高，在首饰中常用于制作精细的镶爪，镶爪一般都很细，温度低的材料，焊接时容易熔化。用于制作戒指时，其成分会与汗液发生化学反应，易弄脏手指。

二、铝

铝是地壳中含量最丰富的金属。1825年首次应用化学方法分解出铝，1886年出现了商用铝产品。铝是很轻的金属，密度大概是铜的1/3，银的1/4；熔点660℃。

铝的导电性极好，铝能够被铸造、锻压、锤打和抽丝。铝材能被铆合、熔接、烧焊。硫酸、硝酸不能腐蚀铝，但盐酸、火碱能将铝溶解。许多铝合金用于工业。纯铝、少量铁和硅的合金用于手工艺。铝的颜色比白银略暗，光洁的铝板可以高度抛光，也可用钢丝团擦出丝绸般的光泽。

三、锡蜡

锡蜡是锡与铅或铜的合金，首饰业中称其为"白色金属"，常用于镶嵌人造水晶，做廉价首饰。锡蜡也用于低温铸造首饰。现代锡蜡合金含量为91％ 锡、7.5％ 锑和1.5％ 铜，它的颜色略暗于白银，不易生锈。锡蜡延展性极好，不用退火，但由于其熔点（297℃）只略高于最低温的焊料（184℃），所以加工时不能过热，否则会熔化。由于它过于柔软，用作首饰的材料要粗一些。

第六节　质量标识

黄金和白银首饰在出售时都要打上品质标识，如"14K"、"10K"或"925银"。国家质量监督局制订了针对金、银、铂制品的统一品质标识。目的是通过法律的手段保护消费者，严防受到不法首饰商的欺诈。制作者和制造商从首饰材料行可以买到"14K"、"18K"、"925银"、"PT900"等标识字印。只要提供设计图纸，供应商还能雕制诸如商标等特别的字印。

在首饰打印标识之前应当预先打磨、抛光。图、字、数的打印常在零件焊接之前进行，因为首饰精细的部分会因打印时的震动而损坏。要打字印的金属应置于抛光的钢板上，敲击时用力要均匀，字印应该打在整件首饰完成之后较明显的位置。如果字印打得有瑕疵，可以锉掉或磨去重打。蜡型上也可打上字印，将字印烧热，按到蜡型上就可以了。

■ 思考与练习

1. 材料对于首饰设计的意义是什么？
2. 纯金、黄色开金、白色开金适合做何种类型的首饰？
3. 白银有哪些特性？

第三章　首饰的制作工艺

现代首饰制作已经远远超出了手工制作的范围。总的来说，首饰制作有三种基本方法。第一，在常温下金属被切割和造型。加工金属可以采用锯、锉、切割、弯曲、锤打、压痕、锻造、冲压或拔成细丝等手段。第二，通过加热将金属熔化，倒入模具成型。模具用耐高温材料制成。砂子、胶泥、耐火材料或墨鱼骨均可制作模具。第三，用焊接等手法将部分金属依次添加上去，像熔合、铆接、链接、金珠粒工艺等。即使再复杂的一件首饰，也不过是这三种过程的结合。要把首饰做得更加有美感，还可以对金属材料进行装饰。装饰的方法有：錾花、雕刻、镶嵌、蚀刻、烧釉、编织、电镀、错金等。

如果将制作过程和首饰技术先搁在一边，设计就是最重要的了，但设计无论如何也无法把材料与工艺的内容从其中分割出去。在制作一件首饰之前，要先进行构思，再推敲造型，并根据以往的经验做出判断，看看使用何种材料或工艺与最初的创意吻合或者通过材质与工艺的潜在美感使得设计构思进一步得到升华，最后做出设计图稿。所有的过程都应深思熟虑，并对把握不准的细节进行实践验证。

综上所述，一名出色的设计师或首饰艺术家要经过大量的工艺制作实践，掌握材料性能与工艺制作之间的规律以及其中一些潜在的形式美感，在设计实践中才能得心应手，创作的灵感才会源源不断，更重要的是能时时体验到首饰设计与制作的乐趣。

首饰制作的技术、材料及工具非常繁多，很难将做一件首饰的工艺手法进行分类。有些程序是今天首饰制造业用得最多的手法，如铸造。而有些程序则很少应用如金珠粒工艺。又如焊接、抛光，在做同一件首饰的时候会反复使用；而雕刻，就可能只用一次。在绝大多数的情况下，制作一件首饰都经历了这样的程序：设计，画出图样；将所用金属切割成需要的形状；锤打、窝型、雕刻、焊接等，可能还会用到压花，部分铸造，最后是清洗、抛光及镶石。

要描述清楚所有的过程非常难，制作首饰的工序，其实还要复杂得多。因为一件工具和设备即使设计出来只为一个工序，可能也会有很多其他的用途。不同工序往往由于制作个体的不同而做法相异。以下介绍的器械和工序是首饰制作过程中最常用到的。

第一节　基本材料的加工

在国外，各种型材大多是由材料供应商事先做好的，如锭材、板材、管材、线材等。但许多制作者往往根据需要自己制作型材。所以某些操作方法是制作者必须掌握的。

一、将金属浇铸成锭

新的金属和金属碎块要铸成方板或长方型棒,用来压成薄板或拔丝。一个可调的铁质倒模是理想的工具(图3-1),用它可以铸出板材或长棒。

图3-1 铁质倒模

用模子之前,先要在其内壁涂上一薄层油,以免倒铸的金属粘住模子。倒料之前要用焊炬烧热模子,这样倒出的金属锭的表面比较光滑。将模子倾斜一点摆放,使金属熔液顺壁流下。如果直放,熔液有弹出的危险,并会在铸锭内部留存气泡。

模具调窄可以倒出金属棒,用于拉丝;调宽则可倒出块,用于压片。倒出锭后,将上面的鳍状突起去除,锻打一下,然后可以压片或拔丝。

金属可以放于石墨坩埚中,经熔金炉熔化。如果没有熔金炉,可使用大型焊炬,用普通坩埚熔化。电熔金炉近年来很流行,它的好处是可以杜绝不必要的氧化。通过坩埚内的热敏探头,可掌握炉内的温度。普通坩埚的内壁在使用之前要烧结一层硼砂(硼酸),以免坩埚内壁的砂粒在使用时掉入熔化的金属中。方法是将坩埚烧热熔化硼砂,摇动坩埚,使硼砂熔液均匀覆盖内壁形成釉层。

在熔化金属碎片或锉屑之前,应用磁块将混杂在内的铁屑吸出。要将金属烧熔到发亮并出现旋转方可浇铸。熔液的流动性可以用一根热石墨棒测试。注意金属熔化后,要用一小撮硼砂撒到表面,以驱除氧化物。当熔液开始滚动并发亮,就可挪开焊炬,将熔液集中于坩埚底部。浇铸时动作一定要连贯,熔液倒入模子之后冷却成锭。

二、压延机的使用方法

1. 金属锭的准备 金属锭从模子里取出后要用重锤将两面进行锻打,使金属被压实。等到变得比较坚固之后用抛光过的锤子锤光表面,锉掉毛刺和表面的瑕疵,最后退火,这样的金属就可以经过压延机压薄。

2. 不同截面压滚 平面压滚、方口压滚和半圆凹槽压滚是手工制造铂、黄金、银首饰时必不可少的工具。可将厚板迅速变薄并很均匀。线材的截面形状也可以改变,多股绞合线材也能加工成平的花丝。

3. 光面压滚 光面滚很容易操作,两滚之间要永远平行。在一开始压片的时候,要调整两滚之间的距离,让板材很容易通过。每压一次,都调窄一点压滚的距离,直到压出合适的薄板。

建议每压一次都把金属板翻转或横竖对调,这样能保证平整。要经常退火,保持金属柔软,以免被压裂。滚压只能使一块金属变长,不能碾宽,如果想把金属压得稍微宽点,送料的时候可以掌握角度。

4. 方材的压延 方棒或方线材很容易用压滚碾细,每经过一个凹槽,都要将金属过两次,后一次应翻转1/4圈。方线材可移到光面滚上压成长方形横截面,也可把方形材经线板拔成圆丝。压延机还能用于压制图案,做肌理,或将金属线压入退火的薄片中。

5. 用压延机制作肌理 制作肌理的手法：制作肌理时，可选用材料如铁质筛网，铁丝窝成的图案，铁丝缠绕形成的团，纪念币的图案，甚至纺织品都可以夹于两块退过火的金属当中用压滚锻压，在这两块金属表面就会留下肌理。也可以用一片压硬的金属和一块退火的金属锻压，这样只在退过火的那片金属上留下肌理。因为经过压滚金属片就变长了，所以压印肌理通常只能过压滚一次。

手动压延机适用于学校和小型工作室，工厂经常使用电动压片机。

三、拉线板的使用方法

（一）金属线材的拉细

金属线材可以通过线板拉细，也可以通过特别线板做造型。线板上标有尺寸，使用者可以根据需要拉出粗细合适的线材。线板的板眼有不同的造型：圆形、方形、半圆形等。进口线板椭圆形和长方形等异形板眼也比较常见。

从板眼的横切面来看，板眼从线板的正面逐渐向线板的反面收窄，然后有一小段是直的。

（二）拉线板使用方法

要拉细线材，应先将线材一端用粗锉锉细，穿过适当的板眼，用拔丝钳夹住拽过线板。要确定首个板眼能顺利通过。线板通常要夹在台钳上，确保稳固。金属丝要从线板垂直拔出，拔丝的时候用力要连贯、均匀。线材从一个板眼全部拔过之后再穿过下一个更小的板眼，直至拔到所需尺寸。

（三）拉线板使用技巧

退火能使线材保持柔软，以免拉断。粗线每拔过一个板眼都应退火，细线应每拉两孔就退火。最好在线材上每拉一次都涂上蜂蜡，这种润滑能延长板眼的寿命。

在涂蜡前最好将线材略微加热，尤其是金丝。拔丝机能帮助我们拉出较粗的线材。半圆线材可以用这样的方法去拉：将两根一样粗细的方丝穿过一个圆孔，拉过去之后就是两根半圆线。将两根半圆丝合起来拉过一个方板眼就可得到两根三角形的丝。

（四）金属管的制作方法

拉线板除了能拉细线材，将线材做造型之外，还能用板眼制作空心管。空心管可用作吊环、装饰衔接、镶口和其他小零件。管是由一条长方形的金属片卷起来，经线板拉合而成（图3-2）。如果要做一条3mm直径的管，金属片的宽度应是管径的3倍。片的厚度就是管壁的厚度，板眼只能将管拉细，而不能将管壁拉薄。

（五）制管步骤

（1）用圆规定出所要金属片的宽度，沿平直的边沿划出所要宽度的平行线，沿线剪出金属长条。边缘如果不齐用锉找平，让金属长条的两条边平行。

（2）将金属长条的一端剪成尖口，尖口长10～15mm。

（3）将剪好的金属长条放在砧木或坑铁的凹槽上，用锤子锤成凹槽的弯度（锤子要求用很薄的弧型锤口，用圆铁棒也可以）。金属长条卷起的直径以能穿过线板的一个板眼为准，尖口部分的根部要完全卷起，让两边合拢，焊接。

（4）拉管之前要涂上蜂蜡，然后穿过板眼，

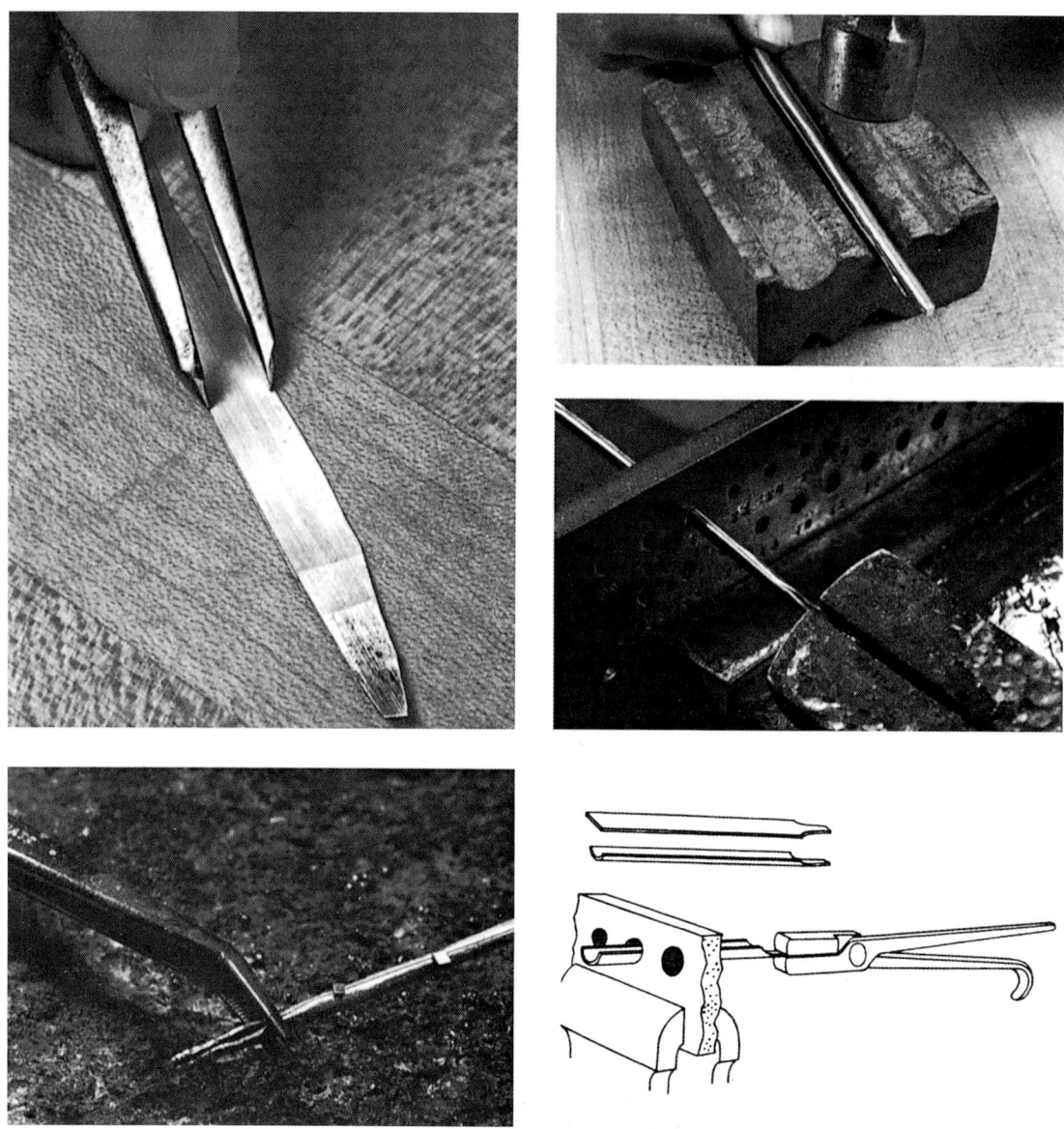

图 3-2 金属管的制作

逐级拉细，直至达到要求的直径。

（5）在管口合拢之前，可用刀锋调整管口边缘的不平之处，这样有利于把管口合得平整一些。

（6）焊接管口。

金属管做完后，如果不直可以退火处理，然后在平铁上敲直。如果需要金属管的内壁绝对均匀平直，可在管内塞一根铁丝，铁丝上要抹油，以便于把它从管子里撤出，也可以利用一个略大于铁丝的板眼，隔开管子，将铁丝拽出。

一般来说，管缝应用高温焊药焊接，以保证再烧焊的时候，焊缝不张开。管子也能够弯曲，方法是将管子的一端夹扁，填入洋蜡或沥青，也可填充细沙，封住另一端，然后将管子弯到所需程度，加热可将蜡或沥青熔出。

第二节 退火

金属在受到敲击、锻打、拔丝、弯曲等的作用力之后变硬、变脆，随着这些作用力的不断增强直到最终断裂。"退火"指的是把金属变软、恢复原来延展性的专门术语，具体的方法是加热金属到一定温度。从科学的角度来说，金属在某种温度下，其本质有一定改变（结晶现象重新出现）。

不同的金属有不同的退火温度，也有不同的冷却方式。

退火时应注意以下问题：

（1）低温焊药焊过的焊口，退火时容易被熔化（如果温度太高，焊药会熔入被退火的金属）。

（2）用高温焊药焊过的工件退火时也应使用低于焊药熔化的温度。

（3）虽然不必用火焰同时全部覆盖，但金属的所有部分都应过火。对于大的工件、退火焊炬烧灼金属的各部分可以有先后，最后达到完全过火。

（4）不可将烧红的14K以下合金、标准银和黄铜直接浸入冷水，这样做金属容易炸裂。

（5）标准银（925银）：这种银合金只要烧到微红状态（480℃左右），冷却到看不见红色就可以浸入冷水，退火即完成。实际上925银，只要烧到表面一失去亮光、颜色变暗就已变软。

（6）黄金：黄色、绿色和红色开金烧至暗红色（650℃）后，可以浸入水中。

（7）钯：钯应烧至浅红色，然后迅速浸入水中，否则它会氧化。

（8）铜：铜应烧至红色，迅速浸入水中，当然也可以让它慢慢冷却。

（9）黄铜：黄铜需烧至浅红色，然后等到红色消失，就可浸入水中。不可由红色直接浸入水中，否则容易炸裂。

（10）钢：钢应烧至桃红色，然后置于空气中慢慢冷却，或者放入非石棉绝缘粉末中。

（11）线材：特别是很细的丝线，要盘起来退火，以免熔化。线盘放在木炭上或非石棉耐热垫子上，注意将线头绕住整盘线材，以免加热时散开。用很软的火焰（几乎是黄色的火焰）退火。如果用铁丝捆住线材，酸洗前别忘了解掉铁丝。

（12）如果想避免退火带来的氧化层，可以在金属表面涂上硼砂水，这种方法适用于银、黄铜、青铜和黄金。在加热过程中，当看到硼砂熔化成釉状时，说明退火的温度已经或马上就要达到了。

（13）金属要经酸洗去掉氧化层或硼砂堆积，有些手艺人（特别是银匠）喜欢在灯光昏暗的房间里退火。这样只要金属加热到有一点泛红就能看出来。过热的退火会导致氧化层增厚，有时会损害材料的质量。

第三节 酸洗

合金材料多数含铜，因此无论是加热、退火、焊接或铸造都会造成铜的氧化。铜氧化层呈灰黑色，它会妨碍焊接和抛光，所以要去除。换句话说，焊接14K金或925银的工件时，加热使合金中的铜氧化，所以最后工件表面是灰黑色。氧化层的厚薄取决于加热时间的长短。

酸洗就是将工件表面用酸处理的方法去除氧化层的工序。另一个作用就是去除烧结在金属表面的硼砂釉层，令材料更便于加工和观察。

一、首饰酸洗液配方

水10份，硫酸1份，制成酸液。加热酸液可以加快溶解氧化层的过程。热度在酸液即将沸腾时的温度效果最好。

（一）配制酸液的方法

注意在配制酸液的时候，要先在容器中倒水，然后再加进酸液。如果将水倒入浓硫酸中，酸液会溅出。如果酸液灼伤皮肤要迅速用水冲洗，或用小苏打或肥皂中和。

我们不提倡把灼热的金属直接放入酸液中，因为这样酸液会溅出，同时冒出刺鼻的气体，金属也易炸裂。放入首饰的酸液可以用一个铜锅加热，也可用陶瓷或耐热玻璃器皿加热。可用加热板或酒精灯进行加热。金属变得干净以后（925银变得纯白，铜变得亮红，开金变得明亮），立即从酸液中取出。如果留在酸液中的时间过长，金属会被腐蚀，特别是焊点。

牢记在进行酸洗之前，要将首饰上的铁质绑线拆掉，否则工件上将被镀上一层很薄的铜，将首饰放入或拿出酸液都不要用铁质钩或镊子。

用低温焊药焊接的首饰不要进行酸洗，上面的焊剂（脏物）可用刷子蘸肥皂或丙酮擦洗。电热酸洗罐是近年流行的用具，里面有一个塑料滤网，有指示灯和温控器。

工件从酸液中拿出后，要用清水冲洗。如果首饰表面有裂口或中空，要进行中和处理。

（二）中和液配方

一平匙小苏打加一杯水，加热，将首饰放入煮沸，然后取出，用毛巾擦干。残留酸如果没有完全中和，将继续腐蚀金属，再次焊接时还能阻止焊药流入。

酸液不用后应装入陶罐或耐热玻璃器皿贮存。聚乙烯罐也可以保存稀硫酸。酸液可以多次使用，当溶解金属在酸液中达到饱和状态时，液体呈深蓝、绿色，这时就可以把它倒掉了。

二、防止氧化的方法

开金和标准银能够用化学的方法进行保护，以免所含的铜在焊接中氧化。

（一）黄金

在酒精中溶进硼砂，盛于一个小碗里。把首饰放入溶液中浸一下，取出后加热至酒精燃烧，就可使一层很薄的硼酸覆盖在整个工件上。

（二）白银

上述的方法也可以使用，以下的方法更简易经济，因为不需要酒精。将一大撮硼砂用开水溶解，溶液达到饱和之后，晾到室温。将银首饰用火焰十分柔和的焊炬加热至浅褐色（不能烧红），然后浸入溶液中，拿出之后加热烤干，这时再进行焊接，就不会再出现任何的氧化层。

如果铜的氧化层很厚，可以将银饰浸入含水50%的硝酸溶液中，这种溶液有极强的腐蚀性，不到万不得已不要使用。使用时放进去的首饰要马上取出。

需要注意的是酸洗不能完全去除标准银上的氧化层，它只能将表面一层很薄的灰红色氧化膜去掉而留下一层银质，这可以在工件以后的抛光工序中去掉，极厚的氧化层可以用砂纸磨掉，或者用硝酸浸洗。

因为所有的氧化层都可用上述方法去除，所以对于手工制造的首饰，氧化并不是太大的问题。

第四节　锻打

制作首饰的金属——铂、金、银、铜和它们的合金产品都有很好的延展性，可以预先铸出造型，也可锻打出造型。如果要把金属线敲长或打尖，将线的一头放于平铁上，用光面锤锻打，可以达到理想的要求。锻打可使金属延长、展宽或变粗。

根据不同的作用锤子可有不同的锤口造型，窄口凸起的锤子能将金属展长。敲击的力量和次数决定金属展长的速度，敲击一般都会使金属变薄。光面口锤子用于敲平金属表面，或整理金属的后期造型。

为避免金属在敲打过程中开裂，必须经常退火。铜、银和金在烧红之后更容易锻打，黄铜在冷却的状态下才能锻打，烧红之后一敲就裂。如果金属要保持其硬度或弹性（像钞票夹或领带夹）锻打后不要退火。

有人喜欢在首饰上留下锤痕，也有的人愿意锉掉锤痕。这可根据设计风格加工。

第五节　肌理效果的制作

金属板的表面或大部分的地方能做成对比强烈的肌理效果，而这道工序通常要在板材被切割或被焊接之前就完成。单独的、小范围内做肌理很难，同时，做成首饰以后，有许多地方是很难加工的，后期做肌理还会造成整件首饰变形或损毁。

球形抛光锤头能在金属片上敲出肌理。当然其他造型的锤口还能打出特别的锤痕。有些肌理可以用錾子錾出，用刻刀雕，钢轧也能在金属表面压出图案。大部分锤痕肌理都应在光滑的金属表面敲制。锤痕是随意打出的，敲击可以垫在砂袋上、铅板上、木头上进行。敲击的肌理还可以用很多方法去做，这需要设计和想像。注意金属板做肌理之前要退火。

第六节　金属材料的切割

如果材料不超过1.2mm厚度，并且是平直的话，用铁剪剪开最省事。圆片也可以直接剪出来。几乎所有直的和拐弯的切割都可用直锋铁剪完成。

有一种弯锋剪刀可用来剪内弧圆。制作者一般可以用蟹夹钳剪断线材，也可以使用台式铡刀进行切割。

为了更便于剪开，金属片要尽量靠近剪刀锋的根部，要剪很宽的材料方法也一样，剪一下要调整一次，这也适用于剪弧型。

钢锯适用于切割粗管、粗的棒材、厚金属板。锯金属应选择密齿锯条。

要记住锯条的安装方法，安装的时候齿尖要始终朝着向外的方向。锯金属材料的时候要保持平稳，用双手抓住锯弓。速度控制在每分钟推拉50~80下。

第七节　线锯的使用

线锯是首饰制作工艺中最常用的工具，与其他锯不同，它的锯弓小，锯条细，所以称为线锯。线锯是首饰制作中切割金属最精确的工具。可以用来锯出不规则的造型，或者镂空金属板中的某些部位（与钻孔工艺相结合）。为做链子，从管材上锯下小圈；将金属片的外边锯出装饰边；伸入油锉达不到的地方，修整不足等，都是线锯所擅长的。

不同种类线锯的主要区别在于锯弓的深浅不同。锯弓分固定长度和可调长度两种。一定要买质量好的，因为它是最常用的工具。

线锯的锯条也称锯丝，最细的为8/0号，14号最粗。8/0号一般用于镂空。3/0号用于黄金和铂金首饰。0~2号用于银材质。最精细的锯条很少用于手动的锯弓。

锯条是用上好的工具钢制造的，很难磨损，使用不得当才会断。

一、怎样上锯条

如图3-3所示，拿住锯弓，将锯条先夹在顶部，锯齿向外，齿尖指向手柄方向。拧紧固定螺丝，将锯条夹在正确的位置。如果必要应调整锯弓的长度（可调锯弓），用力推手柄，让锯弓有弹性，将锯条另一端夹入下面的螺丝旋紧，这样能把锯条绷紧，有弹性的锯条才能锯得自如。一定要用手上紧锯弓的螺丝，避免用钳子。

二、锯的方法

（一）使用锉活板

在锉活板上用锯弓。锉活板装在工作台正中边缘，板中间锯成"V"字形。所锯的板材如果不稳，锯丝就容易断。锯丝与所锯材料保持垂直，即使打斜也不要超过5°。锯的时候，尽量将锯弓推到最高位置，然后快速拉下。往前推的力一定要小，重复这一推拉的动作并尽量用上所有锯齿，就能很快、很容易地锯开金属材料。

（二）锯直角

要想锯出直角，或在锯的过程中转弯，一定要让锯丝保持与金属垂直。在原地来回推拉几次，每次将锯弓角度转一点，直至转成想要

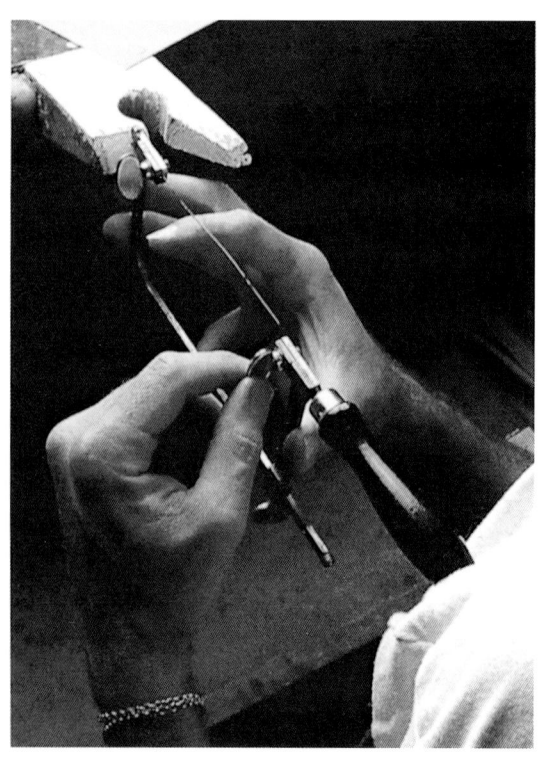

图3-3　锯条的正确上法

的角度。如果沿着划在金属板上的轮廓线开始锯，则应锯在线的外缘，以便锯完之后有一点锉的量。精密的锯缝几乎不用锉修。在做镂空工艺的时候，绷紧的锯丝可以当锉用，修整不齐的边缘。

（三）镂空

镂空就是锯掉金属片中间的一些部位。在要锯掉的地方先钻一个小孔，把锯丝穿入其中再拧紧，然后锯下应镂空的地方。

（四）锯条上蜡

在锯条上抹上蜂蜡，既能省力也能保护锯丝，方法是将一块蜡固定在锉活板旁，锯料的时候，不时在蜂蜡上拉一下，蹭上蜡质。

（五）工件握持

锯的时候，将金属板用手拿住，置于"V"形锉活板之上。也可以用平行钳夹住材料，放到锉活板上。有人习惯用手拿住材料，也有人用钳子的时候较多。特别是在做小件的时候，无论用手拿还是用钳子夹住，工件一定要在锉活板上固定好。

值得注意的是：初学者都喜欢用钳子夹住工件或固定在台钳上，这会浪费时间，同时也把握不好金属材料。

（六）撤锯

要从一个锯缝中撤出锯丝，要上下拉一下锯弓，然后慢慢把锯丝退出。也可以旋开上面的固定钮，松开锯丝，然后抽出来。锯弓在使用完了以后，要松开锯丝，以免锯弓总在受力，同时起到保护锯丝的作用。

（七）锯屑回收

锯料的时候，锉活板的下方应放置抽屉或皮兜，便于接住锯屑，进行回收。注意不同金属的锯屑要分开放置。

第八节　钻的使用

在首饰的制作过程中，钻是在金属上开孔的最基本方法。钻头尺寸的标识有很多种，都是用公制尺寸标识直径的大小。

一、钻孔的工具
（一）手钻

在首饰制造业中，手钻是最细腻的，因为它主要凭手的感觉控制，不能用力太大，否则很容易弄折钻头。专业首饰厂不用手钻，业余爱好者或学徒至今还经常用它。打孔时，把钻头上于手钻头部，拧紧；金属板宜放在一块平整的木块上，旁边用钉子固定。

（二）高速台钻

专业首饰制作一般用高速台钻，而且转速可调。工件放在木块上或固定在平口钳上，按预先定好的位置钻孔。一般来说表面弯曲的金属板放在平面上钻孔会打滑。

（三）吊钻

吊钻是专业首饰制作中打孔工序不可缺少的。制作者可以坐在工作台前自如地用它来工作，它的精确、速度和多种用途，使你很快收回当初购买它时所花的成本。

精密的吊机卡头可以夹住极细的钻头。

二、钻孔的技巧

打痕（定点打痕），打孔要预先在中心位置打上痕迹。打痕有许多方法。有一种弹簧打痕器，很专业。通常可以用锥子扎一下，然后旋转出一个小窝。

钻孔的时候，在钻头或金属板上要滴点油。油能冷却钻头和减少阻力。稀的机油最好用（如缝纫机油）。机油可以放在小罐里，钻孔时，用钻蘸一下油。

细钻头装在吊机头上的时候，露出的尖要尽量短，否则容易折断。有时可以将钻头的柄部掰掉一截，这样装上去之后，钻头就可以少露出一些。

越是细的钻头越应使用高的转速，但压在钻头上的力要小，以免折断。一般来说，钻穿板材的瞬间最易折断钻头。大钻头则要用低速。

用碳钢钻头给首饰零件钻孔时最适合用高速。碳钢钻头容易折断，给珍珠钻孔时应用高速。

三、钻头的打磨与制作

钻头很容易用钝，经常要重新打磨。磨钻头有以下几种方法：用普通磨刀石，用油石，用电动砂轮，用吊机。

（一）使用砂轮的方法

粗钻头可以用电动砂轮打磨。每个刃分开磨，既要将两刃的夹角打成59°，又要将刃磨成12°，可以拿一个新的钻头做比较，经过若干练习，不难掌握正确的角度。

（二）使用吊机磨钻头的方法

这个方法对于磨细钻头最方便。钻头用小虎钳夹住，用一个小的砂纸轮，装在吊机头上，将钻头靠在旋转的砂纸轮上，调整好角度，稍微练习一下，就能把钻头磨得很快，很精细。

（三）制作小钻头的方法

在买不到现成钻头的情况下，相对来说自制一个也很容易。将一枚缝衣针或任何合适的工具钢磨成像一字形螺丝刀，然后再磨成59°夹角，及12°刃口。钻头加工完后，要经蘸火处理，这样的钻头制作方便，且很实用。

四、钻头的造型（图3-4）

（1）钻头上的螺旋线是顺时针旋转的；
（2）钻头有两个刃；
（3）钻头的麻花旋纹一方面为了构成刀刃，另一方面也方便将切下的金属屑送出，还能将油流到刃上；
（4）钻头尖与刃的夹角为12°；
（5）两刃所成的夹角为59°；
（6）两刃的长度应该一致。

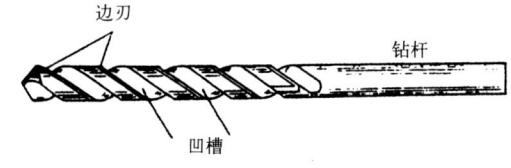

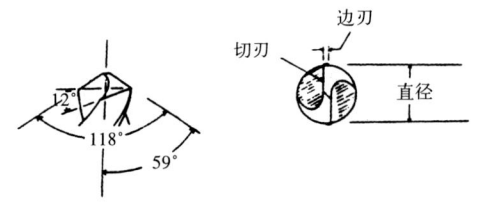

图3-4　钻头的造型

五、凿孔

孔也可以被凿出来，这种方法常用于薄金属片（1mm以下）。凿孔多数为了穿进线锯，镂空板材。磨尖的小錾子或者锥子可用于凿孔。凿孔的时候金属板最好垫在铅块上。凿空孔之后，应该将板材反过来，再轻轻地凿一下，以便将窟窿扩大。

第九节　钳子的用法

当然，有时首饰匠能用他们灵巧的手把线材和薄片弯成很多有趣的造型，但大部分的情况都要借助于钳子。做首饰用的钳子钳口应是光滑的，如果是带齿的钳子会在金属材料上留下凹痕。弯曲直角要用平口钳，弯曲螺旋形用圆口钳，半圆口钳主要用于弯弧形。

一、钳子的种类

钳子分为两类：一类是平行口钳，一类是V字形口钳。

平行口钳无论是张开，还是闭上，钳口都是平行的。因为这类钳子咬合力很强，能完成一些特别的动作，所以很受首饰匠喜爱。

单轴的钳子只有合起来的时候钳口才是平行的。这种钳子在打开的时候，其咬合力不如平行口钳。但单轴钳子的钳口做得很小巧，很适合弯细丝、薄片等。

钳子还分嵌入式轴和剪式轴两种，前者一般首饰匠最常用。因为使用这种钳子在用力的时候，钳口能始终保持平直，同时也比较牢固，制作这种钳子的钢材一般都比较好。

二、钳子的长度

首饰匠用的钳子长度从9～15cm不等，12.7cm的钳子是最常用的。

三、钳口的形状

平口、圆口、尖口、剪口和半圆口是首饰制作中最常用的类型。这些钳子的钳口上都无齿痕。

首饰业也用有齿痕的钳子，这种便于在锯、锉的时候夹住线材或管材。还有一些特别的钳子，适用于特殊的情况。

一般来说钳口的钢材都比较软，可以锉得动，因此可以根据需要做出特别的造型。平行口钳可以改成一边钳口呈半圆形，尖嘴钳也能将一边钳口改成半圆使用。有齿痕的钳子也可以把齿去掉，打磨成光滑的。

钳口如果太硬，也可以退火，烧至浅红色，然后在室温条件下，慢慢冷却。

第十节　钢的蘸火

有些刻刀、劈花錾子、錾花錾子等工具可以从首饰器材商店里买到，但我们经常要自己做新的工具，或改善以往的工具，磨快旧工具等。因此我们必须掌握不同的方法来加工工具钢（一种制造上述工具的钢材）。

一、做出造型

刻刀、劈花錾子、錾花錾子都可以用电动砂轮或砂纸轮磨出想要的造型。注意砂轮只能磨铁质材料，磨有色金属材料会塞住砂轮的表面。

钢的工具还可以通过锻打造型。金属可以用炭火或焊炬烧成亮红，然后在砧子上锻打。刻花錾子和錾花錾子一般都由现成的方钢打制，也可以用废钻头。刻花錾子的錾口可以用锉、钻、锯等工具来加工。工具钢只要烧至桃红色（760℃）就可变软，然后让它慢慢冷却。

工具钢经过加工后，要再回复到原来的硬度，还是要烧到760℃，然后快速浸入冷水，蘸火后金属很硬但变脆。再烧一下，除去部分脆性，否则使用的时候很容易断裂。

二、工具的蘸火和调整

将刀口上2～3cm左右的地方烧至桃红色。把刀快速浸入冷水，并将其不断在水里搅动，变换位置，让它总在冷的状态，这样刀锋就能变得非常硬（但也发脆）。刀锋的硬度可以通过测试确定，用锉锉几下，如果很容易锉得动，说明太软。

把刻刀用砂纸打磨光亮，然后在刀刃上方3～4cm的地方加热来调整硬度。调整硬度的温控可以根据氧化层的颜色来判断。氧化层的颜色越深，钢的脆度越小。注意颜色变化的过程——浅黄色、深黄色、深褐色、紫色，最后是灰色。对于雕刻工具，最适宜的调整温度为220℃左右，显示的颜色为淡黄色。

如果在调整的时候将温度烧过了，变成棕色或蓝色了，那么所有过程都要重新进行一遍。

各种用途的温控表如下：

温度（℃）	颜 色	钢材的用途
220	淡黄色	雕刻刀、刮刀
240	深黄色	錾花工具、冲子
260	深褐色	钻头
280	紫色	锤头
300	蓝色	刀刃、螺丝刀
330	黑色	弹簧

三、工具的磨制

打磨时值得注意的问题：

打磨时，应将工具不时蘸一下凉水；不要按得太紧；磨刀刃的时候适当摆动，以免过快磨热，"烧坏"钢材。

所谓的"烧坏"就是在刀刃上能看到蓝色，热是由打磨时摩擦产生的，颜色能指示刀刃被无意退火了，也就是已变软。这件工具又要重新做蘸火处理。理想的打磨轮最好是质地较软的，像皂石砂轮。

第十一节 金属成型

金属成型，就是将金属板做出各种造型。成型一般不是用一种技术完成，常是多种技术的结合。目的是将二维空间的金属板变成三维空间的立体造型。做造型的工序有：扳金、镂刻、錾花、雕凿、锤打、熔合。所有这些手法不仅改变了金属的外型，还会改变金属表面的肌理（原状）和金属的厚度。

一、造型和扳金

如果金属材料太厚用钳子扳不动，就要夹在一个光滑钳口的台钳上，用硬胶锤或木锤敲击至设计的弯度。退过火的金属材料都可以在砧子上做造型。木锤很少会在所敲打的金属材料上留下锤痕，金属锤子则不然，会造成不必要的伤痕。弯形的时候，把一块要扳弯的金属板拿稳放在砧子上，用木锤根据砧子弯曲的部位往下敲打，敲的同时不断向前移动金属板，直至另一边也完全敲弯。条形砧的弯度应略大于要弯的金属板的弯度。砧子如果太宽，或者弯度太大，放在上面被敲打的金属只会被展宽；如果砧子弯度很小，敲出的金属板弯度会很小。木墩子横截面上做成的浅凹面可以用来做金属的凸形，或将平板敲成下陷，可以在小块的黄杨木或枫木方上挖出不同深度的窝。金属板放在窝上，用锤子敲击，做出下凹形取出，然后可以放在半球状砧子上整平。

二、做出造型

金属还能通过一定的技术做出不同的造型，比如：平直凸起、合并凸起、角度凸起。这些技术要通过不同的锤子（造形锤、轧光锤、锻锤、圆顶锤、窄顶锤等）和砧子（T形砧、半舌砧、凹形砧、槽形砧、半球形砧等）来完成。

一块金属板要一圈一圈往上敲，直至达到需要的尺寸。敲完一圈后，如果造型还不能到位的话，可将敲过的、凹凸不平的金属板放在球型砧子上整平。整理之后要退火，退完火再敲，直到把造型敲到位。然后再把造型表面整理光滑，敲平能使金属变硬，有利于保持形状。

金属板只有放在砧子的最前端进行锤打才最有效率，敲起的速度最快。需要敲起的角度越大，在砧子上将板材敲弯的角度也越大。如果要在造型的某处做出凸起效果，就要对这一部分加强敲击，然后再用砧子轻轻整平。如果敲击的时候没有角度，造型就很难做起，金属板只会向外延伸。复杂的造型就是通过敲起和敲凹的方法达到的。

三、做半球形

垫着做圆形凹陷的材料可以是木块或砧铁，但大多用的是钢制的"窝灶"（图3-5）。窝灶的造型是固定的，窝灶是一块立方体钢砧，上有一定数量大小不一的半球状凹陷，每一个凹陷都有一根相应的"窝錾"。

圆片的直径要比想做的半球大，一般来说要做2cm直径的半球，圆片直径应在3cm左右。圆片可以从大一点面积的金属片上剪下或锯下，金属板的厚度要看做多大的或什么样的设计而定。"漏刀"是专门用来切割圆片的工

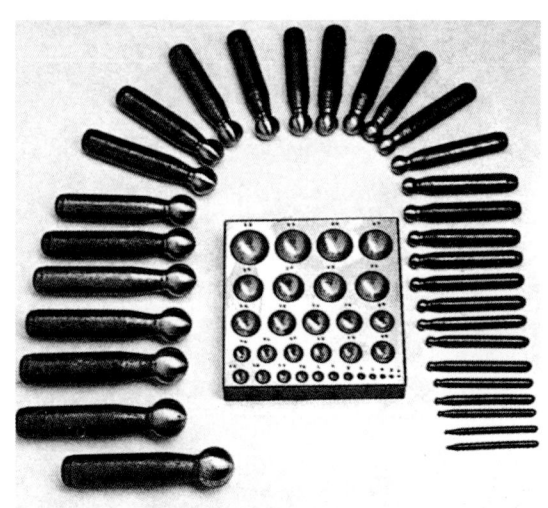

图3-5　窝錾和窝灶

具，用它切圆片方便快捷，如果在要切的材料下面垫一块薄黄铜片，能延长漏刀的寿命。将圆片放入相应的"窝"里，用钢窝錾敲击成型。制作大直径的球型最好用木窝錾。锉柄的头部常可用来做窝錾。做半球应先用大的窝，逐渐转移到小的窝，一步步直到达到所需尺寸。

如果用铅块做砧，可以用钢制窝錾将金属板敲进铅块里，做出半球。不同的是，用铅块敲出的造型一定要用锉或砂纸打磨干净，否则铅会污染金属。

小的"窝"也可以做在金属板的某一部位，方法是将平板置于窝灶之上，用小号的窝錾敲击就可得到。

金属球是用两个半球焊接而成的，在一半球上钻一个小孔，以利于焊接时气体的流通，否则小球冷却以后会炸裂。

四、做锥体

锥体或锥台部分可以通过以下所介绍的方法进行制作。

将扇面图样摹画到金属片上，锯下图形，锉平两端保证它们能严密对接。用有力的圆口钳扳成所需造型，当两端合拢后就可进行焊接。锥体最后要套入一锥形金属棒敲打整理，以使造型严谨。

锥台的部分（平头锥体）常用于镶嵌，如图3-6所示线条D—D'是锥体削去部分。

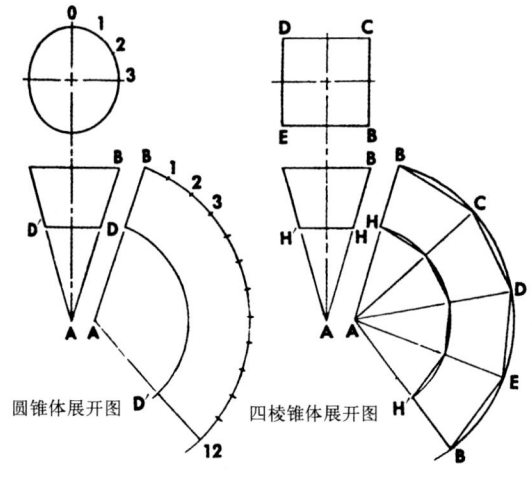

图3-6 锥体展开图

还有一种很简单的办法，做镶嵌用的锥形石碗，一般是先做一个小管，用一个锥形錾，配合一个锥形的窝，敲击制成。

平头金字塔形的做法如同做圆锥形，如图3-6所示进行切割加工，从H至H'，通常用锯锯下，配合三角锉来完成。

五、做螺旋形

螺旋造型可用圆形、方形和长方形丝盘制，将丝的末端锉尖，也可以锤尖。用圆口钳或半圆口钳夹住丝的最末端进行盘制。

第十二节 铆接

在现代首饰制作过程中，有时会不经加热而将两块金属结合在一起。铆接是最好的方法，特别是用来铆合两块金属板。有人喜欢用铆钉做纯装饰。铆接还用于做铰链。一个最简单的铰链就是将一片金属铆合到另一片上，能在一个方向上转动。为了不使两片铆合金属压得过紧，中间最好垫一片非常薄的金属片，铆好后取掉。一个标准的合叶是将金属片焊在管上，铆钉从管中穿过铆合。

铝、铜、黄铜、铁质铆钉都能买到，形状有圆头、平头，还有一些特别的如椭圆头、方头。

铆钉可用金属丝自制。一头可以吹熔成一

个小球，作为铆钉的头。铆钉头可用锤子做上肌理或展宽。管子也可以做铆钉用，管子放进要铆合部位之后，用锥形錾子将两头外翻。

要将两块金属铆合，先用与铆钉同样直径的钻头钻孔，然后将铆钉放好位置，钉子太长要锯掉一部分。如果做一个圆头，则要留出钉子直径的1.5倍量。铆钉头部可用一个专门的窝錾整圆。操作时可用一把平口锤将铆钉铆合。如果铆钉的两头都要圆形，要用窝錾台垫住铆钉头，用力锤打，压出圆形。如果要做一行铆合，要先用铆钉固定第一个孔，然后再钻其他的孔，才能保证准确。

第十三节　熔融焊接

谨慎操作一支高温焊炬，可以将两块以上金属融合在一起，相对于焊接的办法，融合在一起的金属的表面会产生不需要的黄褐色肌理，同时也有将金属熔化的危险，因为这样的焊接方法已经接近金属的熔点。

尽管如此，有人还会用这种方法来接合金属，因为他们很善于使用焊枪，这种操作也能给首饰带来一种特别的效果。熔融法做出的效果不易控制，通过对使用不同形状、不同的材料所掌握的经验和善于观察熔烧时温度的变化，就能更好地把握并把艺术的灵感融入其中。

熔融法又用于将小粒金属熔成珠粒；在金属线丝的末端做出小球；熔接两块金属，将零件熔化在主体上；将多块碎块熔到一起。在后两种情况中，锉屑、颗粒、零碎金属丝、金属片都可使用，碎块可切成所需的形状，也可以用熔烧手段预先做出一定形状，再将这些部分熔接到一起。不同的金属也可以熔接在一起，不同的颜色会产生意想不到的效果。

熔烧之前，要将金属放入酸洗液中，去除污渍、油垢和氧化物，然后涂上硼砂水以免氧化。熔烧可在木炭上，无石棉垫板或耐火砖上进行。如果需要熔接零件，可以用镊子或扦子将其拨到合适的位置。焊炬一定要很热，并且焰锋很窄，烧熔的效果会比较好。在加热某个点之前要将整块金属整体均匀加热。当金属达到将熔状态的时候，要将火焰锋线调成很细，这样好控制要熔接的位置。温度过热或太过谨慎都会使熔接失败。有很多种技术来做熔融，可根据需要掌握。不管使用哪种方法，上面谈到的是最基本的手段。

在金属线、丝的末端做出小珠的方法：先把线的末端蘸上硼砂水，夹住线并将头部朝下，快速用焊炬烧熔，小珠就在丝的末端形成。如果尺寸太大的话，小珠会掉落。想做较大的小珠就要将线放到木炭上熔烧，直至珠粒熔成所要的尺寸。

两片金属如要熔接，最好是分开一点放，但要同时加热，要用较大、较柔的火焰进行熔烧。在达到熔融的瞬间，将它们用扦子推到一起。

小块不规则的金属片或弯成一定造型的金属丝，都能熔到一块尺寸不大的主体金属上。所有这些金属材料在熔烧之前都要酸洗，主件要放在托板上，小零件用摄子与主体夹在一起，将所有的材料加热到快熔化时，就把火焰对着要熔接的确切位置，小件要用扦子压实在主件上，因为它们熔化得略早。当熔融完成了以后，把工件放凉，然后酸洗，最后用清水洗净。

第十四节　焊接

焊接的工序就是通过烧熔第三块金属而将另两块金属连接，第三块金属（焊料、焊药）的熔点要低于其他金属。当焊料熔化以后就流入两块金属之间并将它们焊接在一起。当焊料凝固后，就在两块金属之间形成一条不同硬度的金属带。

焊接通常分为"软"和"硬"，所谓"硬"就是用较高温、坚韧的金、银、铂金焊料焊接；"软"是指用相对坚韧度略差，熔点略低的焊料（含锡、铅焊料）。贵金属制作的首饰多用硬焊料焊，软焊料用于一些不耐高温的情况（用于珐琅或镶石的首饰）。

一、使用"软"、"硬"焊料的注意事项

（1）焊接的金属表面和焊料要清洁，不能有油污。

（2）需要焊接的部位和焊料都要涂上焊剂（熔接剂）。

（3）要根据情况使用合适的焊料。

（4）焊接的部位要对接得严丝合缝，最好能绑紧。

（5）焊料要放对位置。

（6）用焊炬加热一定要均匀，既要加热焊料也要加热工件。

（7）焊料一定要烧熔，流动到要焊金属的两边或通过虹吸作用渗入焊缝。

二、焊剂

1.使用焊剂的目的　大部分金属加热的时候都会氧化（变黑），氧化层会妨碍焊料与金属的结合或流动。为消除这种现象，焊接要使用焊剂。

2.焊剂的作用

（1）形成一层薄膜将空气与金属隔离，防止氧化。

（2）溶解少量的氧化物。

（3）舒缓金属表面因加热而产生的张力。

3.硬焊料所用焊剂　长期以来，首饰制作都是用硼砂做焊剂。硼砂买来后与水混合成稀浆糊状，用毛笔将其涂在焊口处，家用硼砂（粗硼砂）用水煮开了也可使用。

4.混合焊剂　近年来，一种混合型焊剂出现在市面上，很多人喜欢使用，特点是加热时将焊料或工件顶起的量小一些，另一种混合溶液型焊剂也常用于硬焊。焊接铜和钯都用硼砂。

有人经常使用一种含75%和25%的硼砂和硼酸混合焊剂，用来进行高温和中温焊接，在高温的情况下更便于溶解氧化物。用开水烫可使硼砂和硼酸混合，冷却后用毛笔涂于焊接处。

三、硬焊料

如果想使焊接成功，正确选择焊料是很重要的，硬焊料是根据所要焊的金属材料类型、材料的造型和它们的熔点来分级的。熔点越高的焊料颜色越接近要焊的材料，并且也越牢固。一般来说，焊料的熔点会比所焊金属的熔点低60～120℃。

（一）银焊料

银焊料是银、铜和锌的合金，用于焊接银质首饰，同时也用来焊紫铜、黄铜、青铜、镍银。银焊料的熔点主要由锌来决定，锌含量越多，熔

点越低。锌含量多是个不利因素，因为锌在高温情况下会给合金带来很多小洞。通常，首饰匠会购三种不同熔点的焊料，高温、中温和易熔焊料。以下表格列出了银焊料的元素组成，熔点和熔流温度：

焊料	银(%)	铜(%)	锌(%)	熔点(℃)	熔流温度(℃)
易熔	65	20	15	693	718
中温	70	20	10	724	754
高温	75	22	3	741	788

注意：焊料达到熔点时并不会流动，而是需要一个更高的温度。如果一个工件要经几次焊接，需首先用高温焊料，然后用中温焊料，最后用低温焊料。如果焊料与金属的颜色区别很小的话，低温焊料较适合焊一次性焊接的首饰。

有一种熔点极低（635℃）的焊料，在不需要很牢固的情况下，用来修复镶石的坏损首饰。用于焊接点蓝的首饰工件要求很牢固，可以使用一种熔点为793℃的高温焊料。

金、银、锡焊料市面都有卖，也可自制，做成薄片、丝、棒、锉屑、粉状，甚至膏状都可以，用何种形态的焊料由具体需要决定。

片状焊料最常用，用途也最多，通常的厚度为0.3～0.4mm。片状焊料能够剪成很小的片，很容易用镊子夹到焊口上。

焊片通常被先直剪成1.6mm的条，然后根据需要大小横着剪成小方块，也可以先横着把焊片剪成须状，再竖着剪断。一贯的做法是在焊接时，将几小片焊料放在焊口处，而很少直接放一块大的焊片。

∅1.0mm的线焊料首饰匠用得较多，适于焊大范围的焊口，∅0.5mm的线焊料经常用于焊接精细首饰。用这种焊料时要先打热焊口，到合适温度时候，将蘸过焊剂的焊线快速点上去熔化。焊线通常用一根小管握持住（小管内径与焊线一致），这样的话，即使焊线已很短，也能拿住，同时避免由于银的热导性过强，烫伤手指。

膏状焊料是焊料粉、焊剂和粘合剂的混合物。通常用于大规模焊接，用注射的方法将焊料抹在焊口上。

（二）金焊料

很久以来，首饰制作者一般都是通过往金里添加一些银、紫铜或黄铜来降低金的纯度，从而获得较低熔点的方法制作焊料。首饰材料商店有配好的焊料，我们能挑选它们的颜色和标准金含量。

建议在第一次焊接的时候，焊14K金就用14K焊料，这样颜色才能相似，第二次焊的时候再用稍低K数的焊料。

焊料的K数并不意味着它熔流时的温度，通过加入不同的合金材料，可以配制出两个以上不同熔点的系列。下表是焊料数据一览表，包括颜色、熔点、熔流温度：

焊料	特点	颜色	熔点(℃)	熔流温度(℃)
8K 黄	低温型	浅黄色	629	691
10K 黄	低温型	暗黄色	724	754
10K 黄	高温型	浅黄色	738	768
12K 黄	高温型	黄色	774	807
14K 黄	低温型	暗黄色	721	754
10K 白	低温型	白色	702	732
12K 白	高温型	白色	724	783
14K 白	低温型	白色	704	746

注意：颜色配套关系，16K硬焊料可用于修补14K铸造首饰的砂眼或裂隙。将连接件焊到金饰上可用6～8K的金焊料。

（三）铂金焊料

因为铂的熔点非常高（1773℃），要熔化铂焊料也需一个很高温度的白热焊炬，白光能对眼睛造成伤害，所以焊接铂的时候要带上墨镜。

铂金可以熔接，这种方法经常用于焊接简单的戒圈，方法是这样的，将一小块铂放于要焊接的部位，烧至铂熔点。燃烧煤气和氧气的焊炬可以焊接铂金，用压缩空气加煤气的焊炬热量不足以熔化铂焊料。

常用的铂金焊料有1200℃、1300℃、1400℃和1600℃几种，1600℃以上的焊料也有。由于铂不会氧化，一件铂金首饰直至做完都不用酸洗，最后的酸洗主要是为了去除附着的焊剂（硼砂）。市场有卖一种专用的铂金焊剂，焊黄金的焊剂也可用于铂金。

（四）焊焰

焊炬通常用分开供给的煤气和空气。点火时，先点燃煤气，再给空气，直到煤气燃烧的黄色火苗消失，在空气的助燃下呈现黄蓝色，太黄的火焰温度较低，也不能将热集中到特定的地方，因此也就很难控制焊料在需要的位置熔化。如果焊炬发出嘶嘶声，说明空气给得太多。空气太强的焊炬（可见十分明显的蓝色火焰锋线）会使金属和焊料快速氧化影响焊料熔流。使用空气—丙烷或空气—乙炔的焊炬是自混式（自调式）的。

用小的火焰焊小工件，大的火焰焊大工件。焊接的工具市场很易买到，焊炬的喷嘴是可换的，有大小之分。

焊接时，不要使火焰离工件太近。焊焰当中蓝黄交界部位最热，离工件的距离应在2.5cm左右，应将这部分火焰触到工件。

（五）高温焊接的建议

贵重金属的焊接都应使用焊剂。将焊料和要焊的金属都涂上焊剂，最好是在涂上焊剂之后，轻轻加热工件，然后再涂一层，焊剂就均匀粘在热的工件上了。应焙干工件上的焊剂之后，再进行焊接。

焊接时，清洁是最重要的，氧化层、表面脏物和油渍都应该经过酸洗来去除。也可以用砂纸打掉或锉掉、刮掉。但不是每焊接一次都要酸洗，焊剂往往能保持焊口的洁净。如果工件看上去干净，没有变成黑色，就不用酸洗，直到完成所有焊接。

虹吸作用会令熔化的焊料流向金属的表面，而不流入要焊接的缝隙。焊口应完全充满焊料，不要设想能把空洞用焊料填上，因为后继的焊料会使洞里的焊料流出去。

金、银首饰可放在炭上或无石棉垫板、浮石焊台上进行焊接。铂应在耐火砖上焊，也可放在用坏的坩埚上焊。这些垫料反射热量，有利于焊接。不能放在金属板上进行焊接，它散热很快，并且导热。

在焊首饰的时候使用一个10cm×10cm的铁网垫片很方便。先将网子放在焊板上，再将工件放于网上，这样，当金属被加热后，网子能把热导入后面，因此，工件能够均匀受热。

一些特别造型的金、银首饰可放在无石棉隔热粉中进行焊接。这种材料可以用水调和，做成需要的造型。将要焊的工件固定在需要的位置。这种材料也可做成块，在中间掏出需要的形状，将工件嵌于其中进行焊接。

在某些情况下，要焊接的金属件通过嵌在木炭里组合起来，然后进行焊接。也就是说可以利用焊台或木炭来固定零件，免得移动。一个铁丝绕的小球也可以起到固定工件的作用。

耐高温的陶瓷材料也能用来固定零件。作为批量生产的焊接，做专门固定用托架会有一定价值（这样可以将零部件按入特定的位置，使焊接非常方便）。比如：先焊一个样品，将它按入耐火泥中几次，空腔就可放入其他同型工件进行焊接，如果一些非常精细的部件要焊，可以雕出预留的位置。在按型之前，将耐火泥块在水中浸透，这样能印出细小的部位（印出精致的细节）。当阳模做好后，将耐火泥置于200℃环境干燥处理30min。

大部分的焊接操作都需要一把葫芦钳将部件夹在一起，避免部件移位，此外，还能给焊口施加一定压力，减弱虹吸作用；还可以用小夹子固定，大头针固定，焊钳固定等；用铁丝捆绑的方法：铁丝一般可用平口钳扭实，一边拧一边往外拽，起到捆紧作用，最后弯一下，作用是当焊接时给金属的膨胀留一定的量，免得变形。

焊接用夹具，如炭质戒指棒或用架子固定的烧钳是最理想的，用于固定工件，保持位置。焊接支架可用别针弯曲然后插入焊台做成。

有经验的首饰匠通常将工件用镊子夹住，悬在空中进行焊接。这样做要先将小部件上熔上焊料，之后，将两部分都涂上焊剂，校好位置，用镊子夹在一起，将工件夹在空中，根据需要旋转，这样加热所需部位非常方便，直至焊料熔流。

如果要将一段非常小的丝焊到一块片料上，应将一小块焊料先烧熔到片上，然后快速将涂好焊剂的丝放在定好的位置上。移开焊炬让焊料凝固。

焊接尽量用柔软的蓝色火焰，太多的空气或氧气会使焊料和金属快速氧化。加热整个工件，避免光烧焊料，应让工件熔化焊料。换句话说，应均匀加热焊口的周围（预热），然后烧焊丝和焊料。

焊料会流向金属最热的地方，当把小部件往大件上焊的时候，应注意主要加热大件，如果同时加热，小部件会首先变红，焊料全部流到上面去，要掌握大小部件都同时达到需要的热度。

如果热量已足够，但焊料不流，说明金属上的氧化层和污垢太厚，应将工件酸洗，涂焊剂重新焊接。

焊接的时候，偶然应抬一下焊炬，这样热就会均匀传遍整个部件。

焊料结成小球和隆起都是因为热量不够，或焊剂不够。

焊接后留在焊缝上的珐琅质由硼砂凝结成，应酸洗去除。

用软焊料焊过的工件，不能再用硬焊料焊，因为软焊料在高温下会熔入金属。

焊接时，可根据工件表面的颜色来判断大致的温度，如下表：

颜　色	温度(℃)
微红	482
暗红	593
桃红	760
粉红	841
14K 黄焊料熔点	879
标准银熔点	893
铜熔点	1083
焊炬白色锋线火焰	1149

大部分金、银焊料在金属加热至桃红色或即将达到桃红色时会熔流。所以应十分注意不要将金和银烧至桃红色，否则金属就会熔化。

将一块大体积的零件焊到主体上，要先将焊料熔流到这块部件的焊接部位，冷却后将部件放到主件上既定的位置。也可以夹上或绑好，然后加热工件直至焊料熔流。这个过程称作"入锡"，烧焊时可用镊子的背部轻按工件，至两部分的接合部流出焊料。

（六）硬焊料焊接过程

实际上用硬料焊接还是比较容易的。下面举一个焊戒圈的例子，专门给初学者示范。用铁丝将戒圈先绑起，在焊口上涂焊剂，摆上焊料。将戒圈置于木炭或焊台上，慢慢加热至焊剂里的水分挥发。现在用火焰加热焊口两侧，均匀预热，然后将火焰对准焊口，烧到金属变红，焊料熔流到位为止。焊料在流动之前经常会形成一个小球，焊料流动以后就要马上移开焊炬，以免熔化戒圈。当戒圈冷却之后，除掉捆绑铁丝，进行酸洗至工件洁净。

（七）初学者易犯的错误

只加热焊料而不加热整体，这是错误的，工件应加热到能够熔流焊料的温度。

要点：一根钢制扦子是很重要的工具（一般来说钢扦长15cm、粗2.4mm），快速、精确、干净的焊接可以通过它实现，方法是将一小块焊料在木炭或焊板上加热至熔成一个小球，加热小球，用钢扦的尖触到小球，小球会粘到钢扦尖上，之后加热工件直至所需的温度，然后将扦子头上的焊料触向焊口，焊料熔流进焊口后，马上撤走扦子。

钢扦还可用来移动部件，特别是加热后工件容易位移。一把用旧的三角油锉可以改成扦子。

（八）控制熔流方向的办法

将红色或白色抛光皂锉下一点，用水调和成浆糊状抹在需保护的地方。焊料熔化后会在保护层之前停住，但最好方法还是熟练掌握焊接技术。

（九）金属珠粒焊到主件上的方法

先将珠粒底部熔上焊料，将其移至所需要的位置。加热工件至小珠上焊料熔化。

给超小珠粒上焊料的方法：找块平的金属板，将焊料先熔化到金属板上，将小珠粒放上去加热到焊料熔流到小珠的底部，然后将珠粒用夹子从金属板上取下。

另一个最常用的方法：先在珠粒上涂焊剂，将它们粘到首饰上，然后焊接。用黄芪胶和水混合硼砂，用这样的胶将珠粒粘到工件上，在焊前先烘干水分。将小块焊料置于珠粒底部，加热焊接。如果放太多焊料，会改变珠粒的形状。

如果不用任何胶质粘小珠也能焊，就是在工件上用圆头小錾打出小坑，这样就能放稳珠粒，进行焊接。

用锉刀将焊片锉成碎屑，与焊剂混合，做成膏状。将混合物涂到珠粒上，用非常柔软的火进行焊接，这又是一种焊接方法。

（十）围住式焊接

常用于焊接细小的镶爪，做群镶的石碗。使用这种方法是因为镶爪很难被焊接在准确的位置上。石碗要预先抛光，把石碗定好位置，镶爪向上放在一块多用途的蜡上，蜡用加热雕刀做成适当形状。当所有的镶口都摆好位置后，最好是很小心地将它们按进蜡里一半，用蜡或卡纸围住周边，卡纸的高度要超过蜡面。

和好耐火石膏，将它慢慢倒入围好的模子，要保证各处都能填充上，确认镶口没有移位。20min之后，用焊炬文火将蜡烤流。也可以将石膏模放入开水里浸泡2min，模内的蜡就可去除干净。用焊炬将石膏烘干，也可放入烤炉烤干。石膏如果妨碍了要焊接的部位，可以用针剔掉。要仔细地研究镶口的反面，看怎样能焊得比较好。如果镶口一个紧挨另一个，焊料就摆在接口处。如果镶口没能搭在一起，可用丝搭桥连接。用较软的火焰加热工件和耐火石膏，直至金属变红，之后火焰集中在焊点上，将镶口焊在一起。确定焊好后，马上把耐火石膏放到凉水下冲，石膏就会碎裂，取出镶口。

（十一）保护宝石

总的来说，所有的宝石都应在进行了高温焊接之后才能镶嵌。可是，在一些特殊的情况下，一件镶好的首饰，也需要进行焊接，或者是修整一件旧首饰，而上面的宝石又无法除下的时候。

钻石、人造红宝石、蓝宝石等贵重宝石可以烧至红色，而不用担心其会爆裂或颜色走样。宝石最好用硼酸加以遮盖（硼砂可以溶于酒精），宝石烧热后要等它慢慢冷却。

防止宝石烧坏的办法是在它们的表面抹上无石棉阻热膏或隔热粉。如果用吹氧焊炬，宝石部分可以浸于水中然后焊金属部位。

尽管按上述办法可以带石焊接首饰，但如果没有十分把握，最好还是将宝石取下，免得使其烧裂或烧退色。

四、软焊料

软焊料是铅和锡的合金，用于焊接便宜的铜、镀银首饰或水晶首饰。相对来说，使用软焊料焊接比较容易操作，熔点也较低（204℃），但这种焊接不很牢固，并且颜色也很明显，不能用于焊接黄金、铂或银首饰。

（一）软焊料焊剂

锌和氯化钾酸是很普通而有效的焊剂，它是这样做的，将一小粒锌丢到氯化钾酸中，等到化学反应完成，得到一种白色的液体。

甘油和氯化钾是一种焊接铜和锡铅合金（锡蜡）的最好焊剂，在28g甘油中滴入5滴氯化钾溶液。

上述配料专门的焊剂市场上有售，有膏状的、粉末的和液态的。

（二）软焊料

锡和铅可以按任何比例混合制作成焊料，较常用的比例为60∶40，60%锡、40%铅。62∶38的焊料熔点最低。下表是几种熔点很低的焊料：

焊　　料	熔点(℃)
锡	232
铅	327
50∶50 焊料	228
60∶40 焊料	202
62∶38 焊料	180

软焊料市场上有售，通常做成线和棒状。线中间是空的，焊剂注在其中，可以把焊料切成小段或做成粉末与焊剂混和在一起使用。

铋焊料：极低温焊料（93℃），是铋、锡、铅的合金，用于修理廉价时装首饰。

银色焊料含96.5%锡、3.5%银，熔点221℃，比普通软焊料坚韧，最适于焊接带珐琅的饰品。

（三）软焊料焊接过程

将焊口彻底清理干净，焊口接合整齐，夹住或绑住部件，放上焊料，加热金属至焊料熔流。如果金属被烧得过热，焊剂就会蒸发，焊口很快就氧化，焊料不会流动。当焊剂呈浅黄色时，说明温度已经合适，撤去焊炬。焊完要等一会，晾一下，然后放进水里冷却。

（四）使用软焊料的一些建议

当两块大材料要用软焊料焊在一起时，其中一块要先"入锡"。也就是将一层很薄的锡先熔流上去，然后将两部分用镊子夹住，再加热至锡熔化。

应避免用铜焊料焊首饰，因为铜焊过程很慢，而且焊料会大量堆积在焊口上。耳环上的针可以用软焊料焊接。

五、电焊

特制的电焊机有时也能用来焊接首饰。例如，如果一件首饰有一部分很薄，整体加热会造成损坏，或者怕以前的焊口开裂，就可用电焊。电焊还很适于焊接戒圈、链子等首饰。将需要焊接的戒圈放在石墨戒棒上固定好，将适量焊料、焊剂放到焊口处，将另一石墨电极与要焊部位接触，电流由脚踏开关控制，金属上的电流接触点在瞬间被高温加热，焊料熔化，进行焊接。

近年来流行的焊接设备还有水焊机，其工作原理是将水电解成氢和氧，氢氧混合气体经针头式焊炬点燃，焰锋很细，温度很高，而且很清洁，适合焊精密镶口。另外，激光焊接技术也已充分应用于专业珠宝制造业。高能的激光射束能极快地熔接金属，不仅能焊，还最适合于修补砂眼。

第十五节　花丝工艺

花丝工艺是将扁平纯银丝或K数很高的金丝盘在一起，组成丰富图案的工艺（图3-7）。盘起的丝要焊在一起。

做花丝的金属丝直径为0.25mm。有一种特制的花丝是由两股金属丝拧在一起，再过压片机压扁。较粗的丝通常用作图案的边框。花丝工艺有两种，一种是通透的，另一种是将花丝焊在一片背板上。

首先将花丝的图案画在纸上，边框用钳子弯出，要与设计相一致。花丝总要退火，尖头剪钳用来切断花丝。边框用中温焊料焊接。

花丝的图案可用各种工具来做，或盘、或绕，用各种钳子、镊子来实现造型。

为制作螺旋造型，可以专门做一个架子。将一些无头钉敲扁，钉在一块木板的既定位置上，在钉子中绕出螺旋造型。绕好的图案用镊

图3-7　花丝工艺

子从架子上取下，如果必要的话，在取出花丝之前，拔掉若干钉子。盘绕复杂的花丝要不时地退火。

做好造型后，用镊子将花丝放入外框内，大花要先放进去，如果某一花丝是特定为某处设计，放进去后不应松动，而应有一点张力，可以通过张开一些盘花来调整位置。一但调整好位置，就用镊子将花丝轻轻夹出，放在一块平整的木炭上。涂好焊剂，晾干，不必使用黄芪胶粘，焊剂本身就能起到固定作用。焊粉撒在上面，用文火小心进行焊接。较有经验的师傅会将盘花用镊子夹起，这样火能吹到反面，以利于焊料流遍各处。

花丝也可以用耐火石膏固定，然后再进行焊接，方法是将花丝集合到一块蜡片上，把耐火石膏倒在上面，放入烤箱失蜡，然后焊接，这种方法常用于将花丝焊于外框上或盘花不易固定的情况下。

第十六节 锉削技术

锉主要用于去除金属上不规则的地方，整理形状，锉出弯度、锉圆轮廓、倒边、锉光表面、锉掉多除的焊料等。

锉的工序在首饰制作中是非常重要的，但这点常被初学者所疏忽，正确的使用方法要通过学习和实践来掌握。被锉的首饰部件通常用手拿着或用钳夹住，置于锉活板上操作。零件如果非常小，可用戒指夹钳住。用锉的时候要尽量用上所有的齿，只有把锉按紧在工件上才能锉得快。用锉的边缘，可以锉出整齐干净的断口。锉活板的作用很重要，如果它被使用得过于变型，应当更换新板。

一、锉的种类及型号

首饰行业大都使用瑞士锉刀。

瑞士锉刀根据齿痕的粗细分为若干号：00号最粗，向细排列，分别为0号、1号、2号，直至6号。6号锉非常细，用于部件的后期处理，为砂纸打磨和抛光做准备。2号锉最常用。锉刀的外形如图1-2所示。

在五金店能买到各种横截面和不同长度的锉刀，适合加工各种外形。标准的用于首饰加工的锉刀长度通常为15cm。按横截面说常用锉刀有单面平锉、半圆锉、三角锉、圆锉、方锉。

二、锉刃

锉齿分为单行刃式和交叉刃式，另外还有木锉。单行刃有一行行的斜向平行排列的锉齿（常见于弧面锉或粗圆锉）；交叉式，不仅有平行排列锉齿，成60°角，还有另一组斜线，布满整个锉面。

瑞士首饰用锉都是交叉刃式锉刀。木锉的锉齿较高，带弯钩式木锉可锉较软的材料，如木头、铅、铝、锡和塑料。

三、油锉和异型锉

油锉：油锉用于做部件的后期加工，或者锉小零件。油锉的长度一般在16cm左右，油锉的锉刃和锉柄是一体的。

异型锉：异型锉用工具钢制成，钢棍的两头是短小的锉刃，锉刃弯成奇特的形状，随着各种吊机铣头的出现，首饰匠已较少用异型锉。

四、锉的技术

（1）使用粗锉（0号）可使部件快速达到尺寸要求，使用细锉（2~4号）可将部件锉得光滑一些。

（2）在锉活板上用锉。

（3）锉刀只有向前运动才能切削金属，在往前推的时候用力要平稳。拉回时要轻，避免用力过猛。

（4）小部件要用钳子或"手捻"夹住再锉。当然，如果可能，应尽量用手拿着，利用锉活板来锉。

（5）锉的过程中，要不时轻磕锉刀，免得锉屑塞住锉齿。

手边要准备一把细铜（钢）刷，锉的时候要随时刷掉嵌在锉齿里的锉屑，塞实锉齿的碎屑可以用针挑出来。

第十七节　砂纸的使用方法

首饰工件在锉完后和抛光前要用砂纸打磨，去除上面的锉痕和划痕。砂纸上砂粒的成分是自然矿物——氧化铝混合氧化铁。砂纸和橡胶砂轮在首饰制作中最常用。砂纸的粗细按目编号，从最细开始，分为1200、1000、800、600、500、400、360、280、220、80，80最粗。400~600砂纸常用于去除锉痕和划痕。最细的砂纸用来磨刻刀、抢刀及最后的手工打磨。另外，还有抛光砂和用橡胶凝结的打磨块可以使用。

一、砂纸棍

砂纸也可以像锉那样使用，方法是将砂纸包在一根木条上（0.5cm×2.5cm×30cm），先将一张砂纸砂面向下铺在台上，用刀在纸上划条痕，沿痕折叠，包住木条。用刀划过的折痕保证了砂纸有一条锋利的折角。砂纸的末端用大头针钉在木条上，或砂纸两端用铁丝绑住，也可以用双面胶贴住，外层砂纸用钝后，可以撕掉，做一层新的上去。

二、砂纸棒

细砂纸可以卷在一根Ø2.8mm圆夹棍上，装在吊磨机上使用。砂纸棒可以打磨掉划痕或小的凹陷部位。

圆夹棍有现成的出售，也可用黄铜自制。自己制作时先在棍上用锯锯出一条狭缝，将宽2.5cm、长5~7.5cm的砂纸条一端插入狭缝，然后将砂纸卷紧，绑住后就可使用。卷砂纸卷的时候，一定要顺应吊磨机的转向。

三、抛光轴

用于打磨戒指的内壁。轴的一端有螺纹，可以装在抛光机上，砂纸条的一端可以嵌入轴上的狭缝固定，在轴上绕紧并绑住，即可使用。

四、抛光碟

抛光碟与牙医用的相似，很适于抛光狭小的空间。事实上从砂纸上剪下圆片，中间打孔，也是一种抛光碟，而且造价很低。

五、橡胶砂轮

这种砂轮主要用于吊磨机，适用于戒指内侧打磨，去掉划痕。橡胶轮在旋转时，可以用锉做出各种造型，胶轮还能用于在金属表面做肌理。

六、铣刀

用于制作首饰的专用铣刀有很多种造型，一般以桃形、圆形和柱形铣刀使用得最多。使用铣刀可以深入工件中锉刀达不到的部位进行刮削和打磨。另外也可以使用铣刀来制作首饰的表面肌理。

第十八节　化学处理

首饰制作者要完成一件作品的后期处理需进行一系列工序：酸洗、锉、前期打磨、抛光、清洗、着色等等。但这些工序是根据现有设备、首饰设计、金属表面条件和希望达到的最终效果而定的。

由于金属的表面不只一次暴露在焊焰之下，表面发暗或受损是不可避免的。因此工件后期处理的第一步，就是酸洗，如果需要还要再锉一下，或用砂纸打磨。而用化学方法进行处理也是很常见的。

作为批量生产，有时会对黄金、K白金和白银首饰进行氰化钠处理。处理过程安排在酸洗之后，抛光之前，目的是去除表面的氧化层，让金属的光泽显露出来，减少抛光的损耗。这一过程与电镀正好相反，是通过化学的方法将部件表层剥离下来，这一方法也用来翻新首饰，或者在重新电镀之前去掉老镀层。

一、氰化钠处理

氰化钠处理（电分解法）的时间应根据需要进行15s至1min，过长会腐蚀工件，使尺寸变小。

操作方法：通上9~12V电流，溶液在沸腾状态。

材料：4.5L水；113g氰化钠；1茶匙碳酸钠。将氰化钠和碳酸钠放入沸水，溶液即可用于处理工件。如果需要可以再加水及少许氰化钠。当处理的工件颜色变暗，就添加55~85mL氰化钠盐；如果溶液颜色由深变浅，就应放置做回收处理。

注意事项：氰化钠剧毒，使用时要非常小心。

溶液要盛放在不锈钢容器内，工件应悬挂在溶液中。用不锈钢丝或铜丝连接阳极，阳极直接绑在不锈钢容器上。在反应进行过程中要不时摇动液体和工件，在溶液中会有沉积物（金属）出现，要收集进行回收。处理黄金、铂金和白银的液体都应分开，以利于回收。

处理完的工件取出后要马上漂洗干净，送去抛光或滚光，如果进行电镀，不能沾染油渍。

二、"炸金"

这一工序只能由专业首饰匠操作，有一定的危险性，不得在学校使用，不能让新手操作。

"炸金"相对于电分解法能进行更深度的化学反应，电解法能使工件洁净，但颜色暗浊，较深的地方甚至发黑。"炸"的办法不仅能让工件全部干净，并且颜色一致。这一处理要在首饰焊接完成，组合完成并做完表面装饰（刮丝、喷砂处理）之后进行。

"炸"的过程如下：将氰化钠溶液加热至85℃（10mL氰化钠加入400mL水），接近沸腾，溶液盛于搪瓷容器中，浸没金属，倒入少量（10mL）双氧水（30%浓度），摇动容器，溶液就会起泡沫，过几秒钟就会"爆炸"，"爆炸"没有危险，不要被吓着并丢掉容器。

注意：切记氰化钠剧毒，小心操作，氰化钠

要永远远离酸类。"炸金"最好在一个水池上进行，方便清洗，炸金残液要回收，以免造成污染。环境应通风良好，同时开启排气扇。

"炸金"能在开金首饰表面留下一层非常薄的24K金。首饰可以通过浸入氰液，改变表面的含金量，而且能将表面效果变得完全一致。为了达到特殊的效果，有时可以将首饰再"炸"一遍。

绢丝肌理、珍珠和宝石（除欧泊石、绿松石外）不会受到"炸金"的影响。

第十九节　抛光及擦亮

抛光是将金属表面磨平擦亮的总称。抛光只有在金属表面的划痕完全被打磨之后才能进行。第一步就是先用磨料（氧化硅、石英砂和氧化铝的混合物）将金属表面磨光，但这时金属表面还是乌的。

擦亮过程是打磨与压光的混合，会损耗一点金属。抛光及擦亮是首饰业中举足轻重的工序，闪亮的首饰才能吸引顾客的目光。

一、抛光和擦亮的磨料

首饰的打磨和抛光通常用"白蜡"和"红蜡"。"白蜡"的成分主要是自然分解的石英砂，"红蜡"是合成的氧化铁。用油脂和蜡混合这两种矿物，做成棒状和块状，方便使用。

"白蜡"是一种较粗的研磨剂，能很快将砂纸磨痕或小的划痕去掉，如果使用正确，能将金属表面研磨得十分光洁，但还缺一点亮度。

"红蜡"能将金属抛出亮光，它的作用就只是擦亮，极少损耗金属。实际上通过高速摩擦所产生的热，能使金属表面变软并填充最细微的划痕，达到非常平整的程度，从而有闪亮的效果。商用首饰经过红蜡抛光之后就可以上柜销售了。

"绿蜡"是一种非结晶体的氧化硅，可以在用白蜡之后、红蜡之前用它，作用介于两者之间，既能研磨，又能擦光。

二、研磨和抛光

批量生产首饰，通常使用1/3匹马力，3450转的电动抛光机，并带吸尘装置。电动机两端带螺旋锥形轴头，可装各种尺寸抛光轮。抛光轮的直径决定了轮面的面积（或线速度）和接触工件的时间。

常用抛光轮直径多数为7.5～10cm，偶尔也有直径为12.5cm的。使用大抛光轮很难控制它不损害首饰细小的部位和镶口。7.5cm以下抛光轮用于抛光非常精致的首饰。

总的来说，线扎得很密、缝得很紧的抛光轮适用白蜡，便于快速打磨。质地柔软的、缝线松弛的或干脆不缝的抛光轮适用红蜡。粗棉布轮用白蜡。法兰绒轮、细棉布轮、羊毛轮用红蜡。鬃毛轮用来抛光其他抛光轮达不到的角落和缝隙。

鬃毛轮抛面不平可以用以下方法整理：将轮装在电动机上转起来，用焊炬烧一下，用酒精灯也可以。之后用一根铁棍靠一下，就可将烧焦的部分除去。烧过的部分会变硬一些，更有利于抛光。

毡轴和木轴用于保持首饰纯直的线条和绝对平面。

指环的内圈用一头尖细的毡轴和木轴或鬃毛刷抛光。专业首饰匠常用一块皮子兜住指环进行抛光，以防止指环飞出。

羊皮轮常用于抛光较软金属制作的首饰，如锡锌合金首饰。

细金属丝（黄铜丝或镍银丝）轮用于制作绢丝光泽。加工的时候，工件要经常蘸肥皂水进行抛光。金属丝轮在使用时要隔一段时间就掉转一下方向，这样能延长使用寿命，抛光时应轻轻按住首饰，有一点压力。

蹭光是指用硬轮抛光，包括用硬毡轮或木轮。用这些轮不能用力压，打直角和平面效果最好，硬毡轮的尺寸，直径7.5～15cm，1.3～2.5cm宽。

飞碟硬毡轮常用于蹭光，飞碟装在一台几乎是垂直摆放的电动机上，主要用轮的边缘进行抛光。

飞碟上有特意做的四条狭口，旋转时便于看见首饰的全部，充分掌握角度。木质磨盘可以用旋木工具整型，磨盘转动时用刀将磨盘修成所需形状。因为在使用当中，磨盘的边沿磨损得最快，所以应修成平整并稍微凸出的形状。

木质磨盘和硬毡盘多数应配合白蜡打磨，如用红蜡，有上光作用。用法兰绒磨盘或毡盘上光时，要用点力将工件按在上面。

毡盘最好用旧砂轮或粗油石修整。

三、打磨和抛光

（1）较深的划痕应用锉刀锉去，锉刀的锉痕用砂纸去除，最后用抛光机打磨。

（2）抛光轮应顺时针朝向抛光者的方向转动，所抛工件应置于轴心水平线之下，注意打磨抛光时，工件会很快变热。

（3）抛光时要平稳拿住工件并用力按到抛光轮上，如果用力不够，抛光皂会粘到工件上。

（4）要避免长时间抛工件的一个位置，否则就会出现不应有的凹陷。最好是不断转动工件的位置。

（5）主要用白蜡进行抛光，约占90%，红蜡占10%。

（6）不要在抛光轮上涂太多白蜡，否则会打滑，影响抛光效率。如果出现打滑，可用一条旧粗锉进行打磨，还可用粗丝刷或钢锯条刮去多余白蜡。

（7）抛光链条的方法：用一块平木板，将链条的一端用一颗钉或用钩固定住，将链条绕在木板上面进行抛光。

（8）小的、平的部件也可以固定在木板上进行抛光。

（9）小型的、复杂的首饰可以用吊钻来打磨和上光。

（10）用索抛光的方法：一些镶口的内侧和复杂的镂空内壁只能用细绳进行抛光。将绳一头固定，用手拉紧，把抛光皂蹭在绳上，然后将部件穿于绳上，来回拉动进行抛光。

四、洗净工序

在抛光完成之后，要进行最后的清洗。严格地说，每一个抛光轮只能用一种抛光皂，不宜多种抛光皂混用。如果更讲究一点，抛光机都应有区分，红、白抛光皂用不同的抛光机。

用完红、白皂后，首饰放在热水中，加入洗洁精和几滴氨水，用鬃毛刷刷掉工件里的白蜡。旧牙刷也是极好的代用品。批量生产常用高压蒸汽进行清洗，同时蒸汽也能使首饰干燥。我们可以用柔软的棉布擦干首饰，也可用加热的黄杨木锯末吸湿，电吹风也能快速吹干首饰。羊皮或擦眼镜用的软布可以用来擦或包抛过光和干燥过的首饰。

超声波清洗器可以将首饰快速清洗。其原理是将220V的电流变压成高频电流，然后高频电流变成人听不见的高频声波，如果声波传入洗净液里，就能产生非常小的气泡，并使其即刻破裂，这样的过程称为"气蚀"，因而加强洗涤的作用，特别是机械方法极难进入的地方。洗涤欧泊石或珍珠首饰宜用pH值中性的洗洁精。

五、滚筒抛光

小件的首饰（部件、石碗、铸件等）可以通过滚筒抛光来进行后期处理。要滚筒抛光的首饰先放入桶内，然后混入异型磨料，比例为3份磨料，1份首饰。最佳效率是当滚筒装满一半的时候，然后装水，并加入一调羹研磨粉，水的高度以没过所有材料2.5cm为准。

磨料的动作就像岩石滚下山坡，铸件被旋转的动力带到最高点，然后与磨料不断地滚落，停止的和运动的磨料将首饰磨光。

一种主要以氧化铝组成的陶质磨料常用于研磨金质铸件，白银或白色金属用含石英塑胶磨料研磨。如图3-8所示的滚筒抛光机，能一次研磨50~60个戒指。滚光金铸件需一夜的时间，白银和白色金属需4~6h，用慢速旋转（28~35r/min），这样能保证磨料与工件充分接触。研磨会使工件不同程度变黑，商用铸件通常用电剥离法或"炸金"去除黑斑之后再抛光。

滚筒研磨能去除"酸溢出"现象。酸溢出常发生在铸造首饰上。铸件在酸洗的时候，砂眼里渗入了硫酸，这样在电镀之后，酸会缓慢溢出将镀层损坏，从而露出底部金属。

滚筒抛光和压光的原理一样，研磨料并不损耗金属。这种工序适宜抛光细小凹凸不平的铸件，但用于抛光大件平面的首饰效果较差。抛光自然的肌理最理想（如抛光天然矿块金）。要把工件与圆形、椭圆形和针形的钢珠一起放入滚筒，混上抛光剂或抛光皂，洗洁精也可以。在大多数的情况下，用30min~1h进行滚光是较适宜的。

六、压光

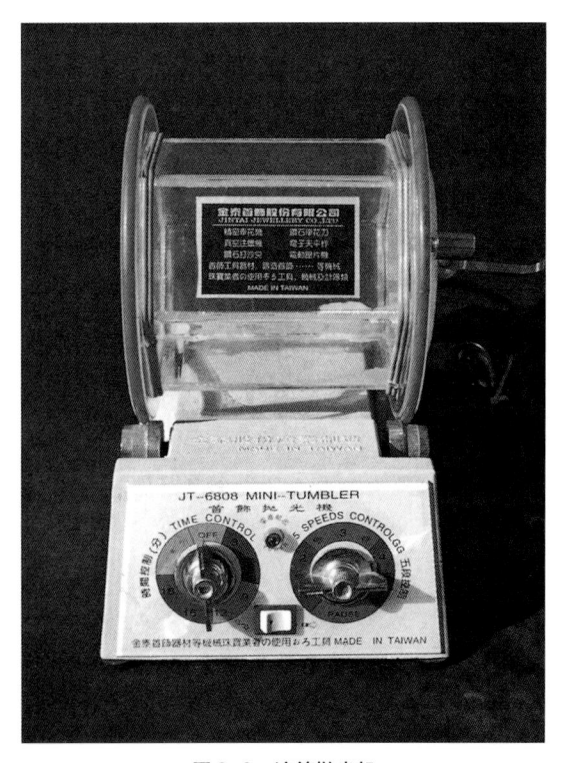

图3-8 滚筒抛光机

图3-9 抛光刀

压光一般是用一把玛瑙刀或高抛光的钢制抛光刀进行，抛光刀的截面是椭圆形的，刀口向一端尖出，末端有直的和弯的两种（图3-9）。抛光刀可以用来压光带斜角的工件。使用时将它用力按在金属的表面上来回研压，直至光滑。抛光刀也可用来压光那些很深的刮痕，刀锋压磨的方向应与划痕成一定斜角，研磨时可用肥皂水作润滑。

■ **思考与练习**

1. 首饰的基本加工工艺有哪些？
2. 怎样为标准银退火？
3. 使用软硬焊料时有哪些注意事项？

第四章　首饰的表面装饰

在设计首饰时，我们要利用金属的潜在特性来尽量丰富装饰。如利用金属的延展性、反光特性、硬度、弹性、热导性以及与珐琅结合的牢固程度（金属的表面经常会用烧蓝作装饰）等。首饰制作的装饰手法多样，有锤痕、錾花、蚀刻、切割、镶嵌、电镀、金珠粒工艺、烧蓝等。这些装饰手法都属于首饰制作工艺，之所以把它们拿出来单列一章，是因为这些工艺技法使首饰的装饰效果在色彩、肌理等方面的对比更加丰富，使首饰的形式美感加强。当然，在多数情况下，这些装饰手法是建立在一个设计完美的立体造型基础之上的，其作用应该只是锦上添花而已。

通常来说，锤痕和压印的肌理应在首饰塑型之前或组合之前完成，也就是说金属还在平板的状态时就应完成。錾花和蚀刻在金属塑型之前和之后都可以完成。错金、叠金工序，金珠粒工艺一般在塑型中分开加工。烧蓝、雕刻工艺在首饰成型之后进行。电镀是在整件首饰完工以后进行。

第一节　錾花工艺

利用錾子把装饰图案錾刻在金属表面，通过敲打使金属表面凸起和凹陷，并且将图案的立体效果表现出来，这种做出浮雕的方法称錾花工艺（图4-1）。通常是指先用錾子将金属表面凿成线形的图案，确定大致造型，然后用錾子从金属板的表面进行加工，通过敲陷和顶起的方法做成造型，使我们从金属板的正面看有起伏的浮雕效果。在整个錾花过程中，凸起和凹陷是交替进行的，凹陷必须配合凸起。通用工具称为錾子，錾花时金属板置于錾花胶、沥青或铅块上。

一、錾子

一般专业的錾花工序需要至少50把錾子，最好是先做出若干个最常用的錾子，然后再根据需要进行添加。

（一）錾子的分类（图4-2）

1. **刻线錾子**　錾口有直型和弯型两种，錾口不能锉得过分锐利，以免凿穿金属。

2. **圆顶錾子**　用于从背面顶起金属，这种錾子的錾头有些是圆形，有些是长方形，錾头四周都倒角成为圆弧状，这样就不会在金属表面刻出死痕。

3. **整平和压光用錾子**　这种錾子用于从正面整平和压光金属。錾子的工作面十分平滑，直角的边缘略经打磨成圆弧状。

錾子如果使用得当，会在金属表面留下预

第四章 首饰的表面装饰

期的、有序的、美观的肌理效果。

4.做麻面或专做背景效果的錾子 这类錾子能打成细点或横竖交叉的细线，通常用于浮雕最低的部分（背景部分）。

5.窝錾 由凸形窝錾和立方体的凹窝台组成。凸形窝錾用来錾半圆球，用凹窝台配合，从背部将金属顶起，可将半球做得很完美。敲打窝錾时要轻，免得将金属錾穿。大的窝錾也可用硬木制作。

（二）錾子的制作方法

錾子一般用工具钢或方钢条制成。0.5cm粗钢条适合做刻线錾子，0.6cm方钢条做大点的錾子，1cm以上钢条适做专门顶起的圆头錾子。用圆钢棒可做截面为圆形的錾子或压光用錾子。一般钢棒锯成10cm长，做大的窝錾可锯成11cm长。

（1）刻线錾子。刻线錾子用0.5cm的方钢，锯成10cm长，在8.9cm的位置向外收细至1.6mm，然后锉出刃，刃不能锐利，免得用的时候錾穿金属。锉好以后，要打磨细腻（用极细的砂纸打磨）。錾子要经蘸火处理，以达到一定的硬度。

其他造型錾子的制作方法与此类似。

（2）窝錾。有些情况下要锻打（热锻）錾子，特别是窝錾。

要将钢材锻平或展宽。具体做法是将钢材烧至桃红色，在砧子上锻打。锻打成型后，慢慢放凉钢材，以利于用锉加工。

二、錾花锤子

这种锤子有一个较宽的锤口和一条细长的柄，这样在使用时有一定的弹性，便于快速敲击。锤口为2.5cm大小的锤子最常用。

图4-1 錾花工艺

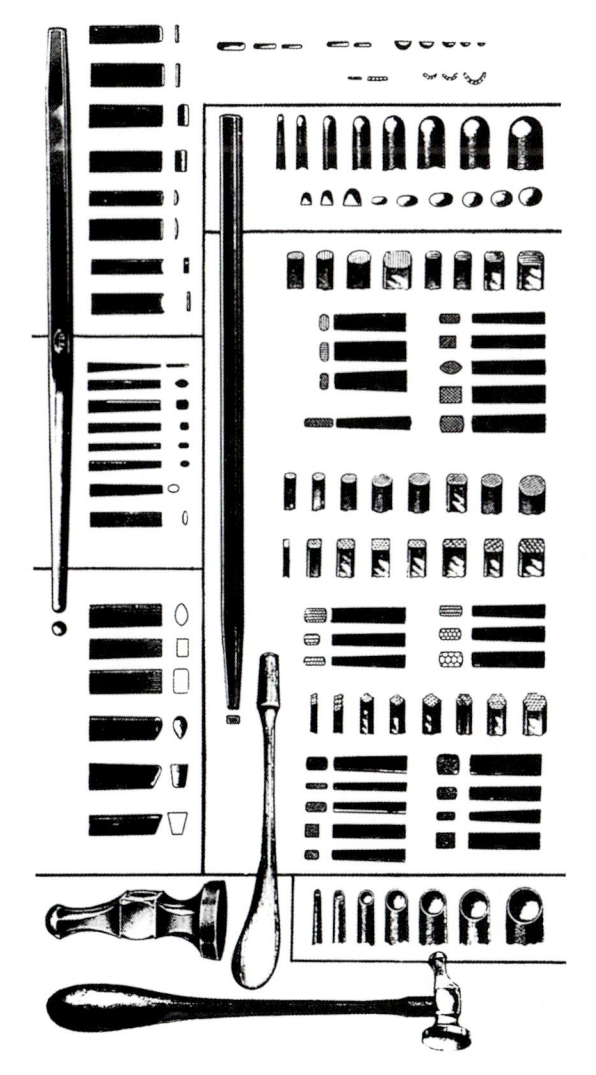

图4-2 錾花锤和各种錾子

三、錾花胶

錾花胶是一种最理想的聚合物,用以支撑錾花的金属板,它的硬度正好合适承受金属的敲击。同时,当用錾子敲击特定部位时,它又能适当凹陷。錾花胶有较强的粘度和弹性,使用方便,去除时也比较容易。

錾花胶的配方:

松香　　1.4kg
石膏粉　0.9kg
油脂　　0.9kg

(一)配制錾花胶

石膏的作用是将松香硬化(固化),而油脂又可将松香软化,猪油也可作代用品。冬天时加入油脂能使錾花胶软化。夏天使用时应多加石膏粉,让錾花胶变硬一点。一般錾花胶可在一个敞口锅中配制,慢慢加热松香使其熔化,在缓慢搅拌的同时加入石膏粉,然后再加油脂。

(二)承载錾花胶

理想的装填錾花胶的容器是一种专门用于錾花的铁碗。铁碗铸造而成,这样比较重。一般直径在15~20cm,置于一个胶圈或皮圈之上,这样,碗能在上面自如地转动,任意调整角度,以利于錾刻。避免用薄金属做的碗,太轻的话在敲击时会产生令人讨厌的震动。而且碗边锋利容易发生危险。做大的錾花可以在厚木板上堆上錾花胶(图4-3)。

注意:设计的图案在金属板未粘到錾花胶上之前就要拓印上去。图案的外围要留下足够的金属余量,这部分余量在完成了錾花之后要锯掉。金属板在上胶之前要退火,金属的造型一般在上胶之前就做好,当然也可与錾花工序结合进行。

图4-3　錾花胶

(三)将金属板粘到錾花胶上的方法

把金属板的背面抹上油,以便于錾好后从胶上取下。慢慢加热胶的表面,不停移动焊炬(调整出空气含量很小的文火)以免烧燃錾花胶。当胶表面足够软以后,把金属板放在上面,往两边移动板材,挤出里面的空气。金属板的边缘部分要用錾花胶压住,以保证它粘得很稳固。錾花胶可以自然冷却,也可以用凉水冲,使之快速冷却。

注意:如果将金属板略加热后再粘到胶上会更牢固。经过若干个小时之后,錾花胶将会变得很脆,需要重新加热。

四、錾刻造型及程序

实际上錾花工艺并不复杂,需要的是耐心、艺术眼光和造型能力。

0.4~1.0mm厚度的金属板都可用于錾花,0.8mm厚度板材最常用,特别是錾花比较复杂的情况下。而较薄板材适用于做小型或较浅的浮雕。

（一）直线纹

直线纹一般用于围形或将图案的深陷部分最先做出标记。操作时用拇指配合食指和中指捏住錾子，无名指和小指按住金属板，以免滑动，将錾子向一侧倾斜5°，然后用锤子敲击錾子。让錾尖凿进金属，顺畅地移动拿錾子的手，通过敲击的快慢，掌握刻线的进度。当然，线的深度也是通过敲击的轻重来把握。注意：錾子应当被锤子锤着移动，如果将錾子持成垂直，就不好往前移动，同时还会錾得过深，有凿穿的危险。如果把握錾子过斜，则容易打滑。

（二）弧线

很多弧线也是用直线錾子敲出的，直线錾子可以磨得很窄，打磨圆润，用于錾弧线，操作手法如前文所述，但要注意根据需要略捻錾子，旋转角度，以刻出弧线。如果錾一个直径很小的圆弧，錾子要比正常向后倾斜。有时弧型口的錾子用于做要求严格的弧线，如果做圆圈刻线，则用管状錾子。

（三）出现裂口或凿穿

裂穿现象有可能是金属板在敲打中变硬变脆或敲击用力过度造成，要马上焊补。裂口和洞在修补前要用钻或锉扩大，并锉成规则的形状，在里面填上一段金属线或钉进一个楔子，让两面略凸出，用硬焊料焊住，酸洗，打磨。

（四）凸出或隆起的表面

凸出或隆起要从板材的反面敲击。

（1）在正面用錾子刻好型，把工件从胶上取下，去干净胶，退火，然后把正面粘到胶上。

（2）标出要顶起的部位，用窝錾敲击，有时可直接用圆头锤子敲打。要把握好角度，要能敲到所需的高度，不同的隆起要用不同弧度的錾子来实现。粗錾子用来敲大面积和较深的隆起，小錾用于找准隆起的角度。敲击的轻重也根据需要而不同，在做极高的隆起时，金属板要不时退火。如果圆錾太细或錾子移动太快，圆润光滑的轮廓很难做出，并有明显的錾痕，影响效果。出现这种情况，要再退火按要求修整。

（3）隆起完成之后，把金属板翻回正面，用光滑的錾子整型，理清轮廓，再錾刻细部。注意：工件反过来以后，隆起部分的背面一定要确认填满了沥青，以免錾的时候走型。可以用轻轻敲击的办法，看是否有气泡在背部。把胶烧得更软一些，再粘上工件可避免有气泡。如果需要，工件从胶上取下以后，把圆錾固定在台钳上，放在錾子圆顶上敲打整理。

（五）做阶梯形造型的步骤（做分层式造型）

（1）用线錾在希望的位置向下錾出直线凹陷，在线的一边用平口光面錾敲得略微下陷，然后整平。

（2）再用线錾将凹陷的底部向深敲击，把工件反过来整理，让折线更明显。

五、从錾花胶上取下工件

用范围较大的柔软火焰加热錾花胶，用钳子将工件取下，擦掉胶渍。如果是首饰，则把它烧至浅红色，这样錾花胶被烧成了白色的灰烬。同时，工件也起到了退火的作用。冷却以后酸洗，金属即恢复当初的颜色。提醒一下：如果金属上仍有錾花胶，柴油能把胶溶化掉。

六、铅块垫料

小型首饰如耳饰，可以用铅块垫着錾花。

铅在錾击下会略微变形，从而可以保持工件的原型。錾花也可垫着木头进行，也有用油毡做垫料的，小钉可以打在工件的四周，以起到固定工件的作用。

注意：在使用铅块做垫料垫着錾金活时可能会污染首饰工件。

第二节　压印

压印是首饰上一种肌理性质的装饰手法（图4-4）。压印只能在金属板的一个面上做出。各种压印的肌理主要由錾子上的花纹决定。当然，花纹的设计凝聚了设计师的想像。錾花錾子、麻面錾子、压印錾子和某些皮刻錾子都可用于在金属表面压印花纹。细钢条经加热退火，在砧子上锻打成特定的形状，用锉或砂纸打磨錾口，用雕刀或油锉做出花纹，然后用白、红色抛光皂打磨，最后加热蘸火，錾子就做好了。

在压印花纹之前，金属板要进行退火处理，用砂纸打磨，最后用抛光轮抛光，纹样可用复写纸拓印到板材表面，也可手绘。

注意：在压印之前要先在一块铜板上试验一下，看看要用多大力敲。因为在一个很小的范围内压印有一定困难，所以即使做一件很小的首饰，下料时也应留得大些，以方便操作，花纹錾好后再锯成合适的尺寸。此外，压印最好是工件还在平的状态下或组合之前进行。

金属片要摆在一块经过打磨抛光的钢板上进行压花加工。这时錾子要与板材保持垂直，用錾花锤子重重地敲击一下，錾子冲击了金属，留下清晰的印纹。记住只能是敲一下，如果再敲第二下就可能造成重叠模糊，或穿透板材。平整的金属表面只能錾一次印纹或一组印纹形成图案，当然不同纹样的錾子也可在同一金属板上使用，以做出有趣的纹样。注意，印纹的面积较大的话（錾口面积较大），敲击就要较重。

图4-4　压印的肌理效果

第三节 雕刻

雕刻金属是一个对技术要求极高的工序。通过用一把锋利的刻刀，在金属表面刻出线条组成图案（图4-5）。很多人不自己动手雕刻首饰，而将其送给专业人员完成。实际上，经过一定的实践和学习，我们会发现雕刻的技艺并不是很难掌握。

一、雕刻工具

雕刻金属用特制的雕刻刀，一般用上好的工具钢打制。雕刻刀有几种主要的形状，每种又有不同的大小（图4-6）。在国外，雕刻刀有现成的出售。每种型号号码越小，刀子越细。

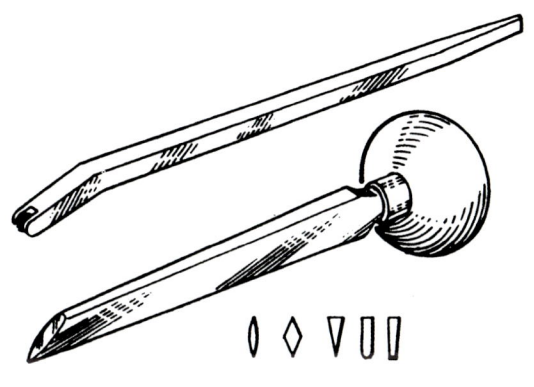

图4-6 雕刻刀的种类

三角刃的刻刀能雕出很细的线条，雕刀刻入金属呈"V"字形；平口刻刀能雕出底部平整的线条，它还被用于修整首饰上比较隐蔽的地方；方口刻刀用于"V"字形切割，能铲去较大的面积；菱形刃口刻刀能将金属切入较深；半圆形刃刻刀能刻出底部弧形的线条；盾形刃能刻出细线；线刻刀专门用来刻平行线。

雕刻刀还用来做表面肌理，用来剔除焊料，剔出凹陷，以便烧蓝或错金（嵌入其他金属），或用于镶嵌钻石和其他宝石。

雕刻刀手柄有不同的形状，市场上有售。一种修去底部的蘑菇手柄最为常用，用于刻线雕刀。所有圆形蘑菇头都适用于柄部上翘的刻刀。

刻刀装柄的方法：在蘑菇头上钻一孔，孔要略小于刀柄，刻刀固定在台钳上，刀柄朝外，将蘑菇头锤入刀柄，一般刀柄要打尖，这样比较容易将木柄装上。

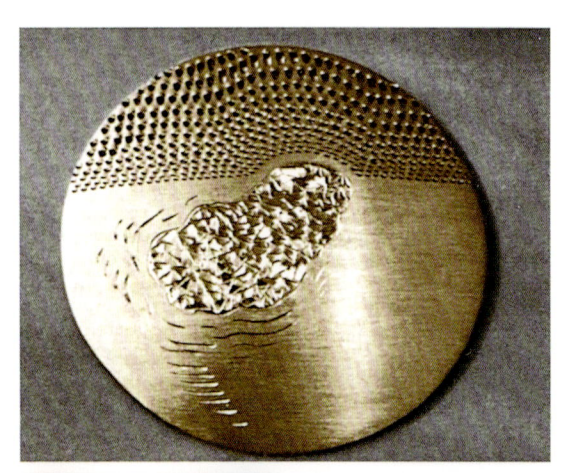

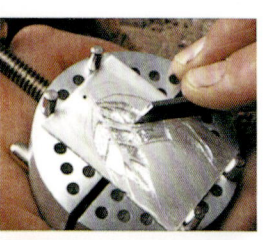

图4-5 雕刻首饰

二、雕刻刀的打磨

不仅新买来的雕刻刀要磨快，在使用当中更要经常磨。

大部分雕刻师都会将他们新买来的刻刀弄短5cm（刻刀原始长度一般为15cm），弄短是在磨快之前进行。用台钳夹住要折断的部分，刀柄向上，用锤子砸断刀片，新的刀口很容易磨出来。

（一）刀口角度

用于普通的雕刻，刀口磨成45°角。如果雕刻较软的金属，或刻极细线条，或者要刻得很深，刀口可以磨得小于45°角，这样更锐利，但刀尖很容易锛断。如果刀口磨得大于45°，那么刻出的口会很浅。刻刀宜用较软的砂轮打磨。

用砂轮打磨别过热，这样会把刀上的"火"退掉。磨的时候不停蘸水保持雕刀冷却。用磨刀石磨的同时要试看刀刃快不快。

（二）刀面

刀面是唯一可用电动砂轮打磨的部位。刀口用阿肯色斯油石或印度油石磨锐。磨的时候石面要抹油。稀的机油最适宜（如缝纫机润滑油）。根据刻刀的形状，磨的时候刀子做来回运动，也可以转动。刀刃要磨得很平整，不能有许多小面。

注意：在雕刻之前，刀口都要在油石上轻轻磨一下，但磨得过度，会使刀刃变圆、变钝。

（三）后跟

雕刀的后跟翘起能增强刀口的力量，也更容易把握住刀的走势。有些刀子的后跟翘起或半腰部凸出主要是为雕刻弧线或螺纹线，也更便于刻入平滑板材。翘起的角度以10°为宜。刻刀的翘起除了磨出来，还可用烧红后扳起。刀做好后要重新蘸火，刀口到弯曲的部位以2.5cm为宜。有时不仅要使刀柄翘起，刀刃部分还要改变形状，以适合一些特别需要。

（四）刀刃

刚磨完的刀刃要在木板上扎一下，这样就可以去掉上面的披锋。锐利的刀刃在指甲上不会打滑，钝的刀刃则打滑。

（五）磨刀架

磨刀架能够调整各种角度，并且稳当地把持住刻刀，利于磨到刀刃的各个平面。但是，多数雕刻师都喜欢用手拿着磨。

三、闪亮的刻线

雕刻时，如果想让刻线闪亮，要把刀刃的底部用极细的砂纸蹭一下。方法是将刻刀持平，将刀刃压在细砂纸（极细油石）上往回拖，做这一动作之前，刻刀要按常规磨快。

当我们在铂金上刻闪亮的线段时，每刻一刀之后，刀刃都要在砂纸上蹭一下。有些刻工喜欢在平的油石上磨一下。

四、放大镜

有些刻工喜欢戴放大眼镜操作。7.6cm（放大3.3倍）和10cm（放大2.5倍）两种最常用，7.6cm的意思是镜片离工件7.6cm远才能准确聚焦。

五、把图案拓到金属板上的方法

（一）碳酸钙法

这种材料不易龟裂，而且涂层很均匀。把酒

精（50%）加入白色虫胶中，在里面加入碳酸钙粉，搅成白色，用刷子刷到金属表面。这种"漆"会很快干燥，在金属表面留下一层很薄、均匀光滑的涂层，可以用铅笔、复写纸或墨水将图案勾勒出。雕刻完成后，把工件放入酒精，洗去涂层。

（二）纸拓法

用这种方法，要有一个已刻好的凹陷的图案，把一张薄纸覆于其上，用一个抛光的錾子按压白纸，纸上即拓出凹凸图案，用软铅笔在纸上轻轻平涂，显出图案。把这个图案覆在涂有蜂蜡或碳酸钙的工件上，再按压，图案就印上去了，然后进行雕刻。

除了用软铅笔拓，也可以用印油拓，而且拓出的图案更清晰。

六、固定工件

金属雕刻专用万向台钳用于紧固工件。它的上半部分可以随意转动，同时整个台钳可以调成任意角度，使雕刻操作灵活自如。钳口有各种配件，适于夹住异形工件。

其他固定工件的手段：

（1）很多首饰可以用手拿住进行雕刻，也可以按在沙袋上。

（2）手捻可以固定工件。

（3）用錾花胶粘住工件也很理想。把胶加热堆在一个手把上，在胶还软的时候把首饰粘上去。如果想让胶快速凝固，可以蘸一下冷水。

雕刻的时候把手把顶在锉活板上，这样就可以随意转动和变换角度。取下工件时也是需要通过加热的方法，上面粘的一些胶渍可以放入酒精之内洗干净。

（4）用一块方木块，将錾花胶堆在上面，再粘上工件。这种方法最常用，也可将木块固定在台钳上。

七、雕刻刀的拿法及刀刃的保养

右手指握住刀柄，右手拇指按在金属板上，这样很好把握进刀角度。左手拇指与右手拇指配合，把稳刀走势，这样刀不会跑偏，也不会打滑。左手其他手指把住方向以避免打滑。

润滑油的使用：甘油或缝纫机油起润滑的作用，能使刀刃保持更长时间的锐利。

润滑油的保存方式：用一块棉花浸透润滑油，然后置于一个杯子或敞口瓶里，雕刻时经常把雕刻刀在棉花团里扎一扎。

八、走刀方法

雕刻由几种不同的走刀方法组合而成，下面将详细阐述。

（一）直线走刀

一把平刃或圆刃的刻刀能走出一条"U"字形凹陷宽窄相等的直线。方刃刀、薄刃刀或菱形刃刀，还有盾形刃刀走出的是"V"字形凹陷的直线，如果走刀的深度完全相等，那么线的宽度也是相等的。刻细线可以用上述方法。当走刀深浅不同的时候，情况就会不同了，线的变化也由此产生。走刀时，执刀姿势如前所述，刀柄抬起15°。这样刀口就成了45°，用力将刀切进金属达到所需的深度，慢慢往前推刀，线就被刻出来。用力要非常均匀，刀每走出1.3cm长度的时候，两拇指就要调整位置，以保持刀势。停刀要果断，要挑起刻下的金属。

注意：一次走刀不要刻入太深，雕深线条要来回走刀数次。

（二）颤动的线条

颤动地走刀，非常容易，特别是和其他的走刀方法配合，能产生丰富的效果。这种雕刻用平刀，刀口切入角成45°，颤抖着慢慢走刀，经过一些练习，就能很快掌握。

（三）弧线走刀

雕刻弧线要经过较多的练习，需要熟练的技术。只要有耐心，一定能练出非常专业的技术。所有刻弧线的刀子后跟都要上翘。

圆口的或平口的窄刀适于刻弧线，持刀的方式如同走直线，只是刻弧线时要用手指转动台钳，使刀走出弧形。

（四）走刀方向

图4-7是走刀方法。如果要刻一个"U"形，我们从图示1中A开始到B结束，注意顿刀，剔出刻下的金属，再从B走向A，重复结束时的动作。如果刻的是"C"字，可从图示2中A的位置开始，逆时针走刀到所需位置，再往回走刀至开始的地方。

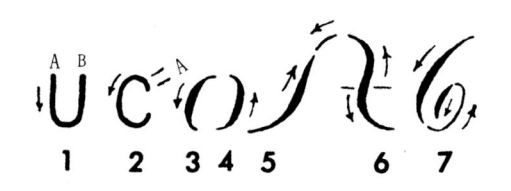

图4-7 走刀的方法

（五）不规则的雕刻

不规则的雕刻各种形状的刀都有可能使用。由雕刻者随机的灵感和技术的熟练程度所决定。有一点，刀刃的角度可以根据需要磨成斜的，也就是与两个边形成80°的夹角。

如果要走出不规则的线条，与上述方法几乎一样，只是走到宽处将刀放得斜一点，到窄处，刀刃立一点。

（六）文字的雕刻（阳纹）

字或字母经常被刻在戒面上，也会刻在一些特定意义的首饰上。一般字都是阳纹的，背景金属被刻去。雕刻方法是先用金刚石刻刀或菱形刻刀勾出字的轮廓，然后用平刀铲去背景部分，背景可以是麻面的，也可以是平的或者填烧珐琅。

（七）机械雕刻（雕刻机）

雕刻机也可以用于首饰雕刻，如果需要经常雕刻，建议采用雕刻机。

（八）仿形铣

仿形铣能够将手的动作转变成机械动作。一个金刚石的刀头能在一设计好的范围内运动。机器有四条互相连结的活动臂，围成一个平行四边形。在一条平行臂的末端镶有一把刻刀，另一条臂上镶有描迹头。

要刻一组文字的时候，刻工先组合好字的顺序，也就是将单个的字型模板排入机械底座上的一条轨道中，然后把刻刀调整到首饰要进行雕刻的位置上，而另一活动臂上的描迹头描摹模板上字的轮廓，这样模板上的原型就能过渡到首饰上了。相比模板上的图案，过渡到金属上的雕刻图样可以比原样小，可以和原样同样大小，也可以放大。刻线的深度和宽度可以根据需要调整。

仿形铣一般并不是将金属剔掉，而是通过刀头在金属上压出线条。像纪念章和其他复杂的纹样一样先用黄铜板雕刻出来，然后用仿形铣进行快速的批量雕刻。

（九）气动雕刀

气动雕刀的原理与气锤是一样的。采用高压气泵向一个喷/吸活塞输送高压空气，使刻刀产生高速往复的运动，切进金属。这样往复的运动可以达到每分钟800～1200次。速度越快，切入金属的力量越小。各种形状刀刃的刻刀都可装到衔接头上使用。使用气动雕刻机能大大地提高雕刻的进度。

第四节　酸蚀

酸蚀是指在金属表面将一些地方保护起来，用酸腐蚀掉未保护的地方，从而形成图案的方法。也称蚀刻。很多人喜欢采用酸蚀的方法来美化他们的作品（图4-8）。

一、蚀刻工艺介绍

建立在化学作用的基础上，酸能去除或称"咬"掉部分金属，保护层用于设定的部位或背景上，让这些地方免受酸的侵蚀。

（一）蚀刻分类

用于首饰制作的蚀刻方法有两种。称"开放式"蚀刻和"闭合式"蚀刻。前者将大面积的金属暴露于酸中，蚀出很深的凹陷甚至蚀穿。这种效果用于在凹陷处填充珐琅或镶嵌其他金属，当然也可单独作为装饰。"闭合式"蚀刻指的是将金属表面全部涂上保护层。用针刻出细线组成图案，放在酸中腐蚀，这样只有极少数部分金属被腐蚀去。

（二）蚀刻前的准备

经蚀刻可以完成一件首饰的装饰，也可以

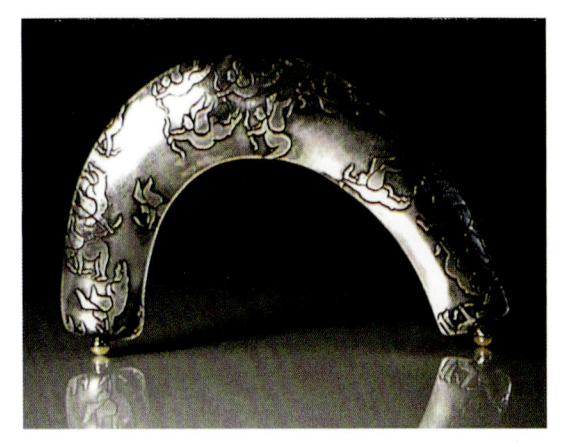

图4-8　酸蚀工艺

在蚀刻后再进行其他手法的装饰。蚀刻可以在有造型的工件上进行（弯曲的工件），但一般先在板材上进行，腐蚀完之后再弯曲造型。

首先用细砂纸去除金属板上的划痕。然后清洗油渍，宜用去污粉或洗洁精加水冲洗。冲水的时候不要用手触摸要腐蚀的地方。

如果是做"开放式"（深度）腐蚀，把图案用复写纸拓在金属板上。做"闭合式"腐蚀，先把保护层涂到板上，再把图案拓到保护层上。

（三）抗蚀涂料及使用

1. 抗蚀涂料 美术商店、首饰工具行或油漆店有多种抗腐蚀涂料出售。抗蚀油漆或液态沥青用于"开放式"腐蚀。图案中突出部分（免蚀部分）用涂料盖上。有时候涂一层不够，要晾干再涂。用毛笔刷涂，要经常把笔蘸入油漆稀料，保持笔毛柔软。涂上油漆的金属面要放4h干燥。要干得快可以放在电风扇前吹干。滴在不必要地方的油漆可以用刀子或针挑掉。刻划得不够直的线条也可用刀挑直。

材料行有售专门用于"闭合式"蚀刻的抗蚀油漆（沥青），漆要完全覆盖金属表面，把设计的图案描摹在漆面上，用针刻透油漆。画错的地方用稀释的柏油覆盖。干了之后刻上改正的笔划。相对于防蚀漆，柏油显得更结实。

抗蚀油漆还有软硬之分（指干燥以后）。硬者，划图案要用针挑；柔软者，能压出线条。因为线条不一样，腐蚀后的肌理效果也不同。一般来说压出的线条蚀刻之后较粗。我们还可以把类似饰带、麻织物，甚至树叶放在软漆上。用一张蜡纸垫着按压，把图案肌理印在漆上。用针把蜡纸、饰带等挑去，然后整理一下图案，就可以进行蚀刻。注意：像树叶等材料，在用之前最好压平、晒干。

市场上销售的漆料都很好用，但是易燃并散发有毒气体，保存时注意远离明火，使用时注意通风。

如果用液态沥青（以松节油溶化的）或者是自配的漆料就没有这样强烈的味道。许多手艺人觉得自己配的漆更好用。生漆的化学成分与普通漆是一样的。生漆成块状、无异味，能熔在金属表面，并很容易施用到不规则的金属表面，不会成滩堆积，也不会流淌。用绢包着生漆，拿绳子把包的一端绑紧成一个柄。我们姑且把它叫作"漆团"。当生漆隔着绢熔到金属上时，漆不至于渗出得太多。为了避免搞混，用不同颜色的绢包不同硬度的生漆。

2. 烟熏 用镊子（自锁镊子）夹住工件在酒精灯上烘一下。别忘了清洁的那面朝上。用漆团按压热的工件，把漆非常均匀地拍在金属表面，冷却。不要用手摸新涂上的漆。随后把金属有漆的那个面朝下，置于蜡烛火焰之上，烤至漆再次熔化。烘烤的时候要移动工件，火焰要刚好烧到漆层，这叫作"烟熏"，目的是使漆更均匀，熏黑的漆面在刻线的时候显得更清晰。

熏烤以后如果漆面上出现半透明状，或有裂口，多半是金属表面不够清洁或有油渍。再烤烤看，如果仍有裂口，就要去除所有漆层，洗净金属，重新上漆。

3. 背面和四周的保护办法 当工件的正面漆面做好以后，也用针剔好了图案，那么金属板的背面和四边也要覆上漆料。这里也介绍几种方法：第一种方法，也是最简便的方法，就是把背面涂上一层油漆或稀沥青，熔化的蜂蜡、石蜡、洋蜡都可以。把蜡放在热源上熔化，用一把旧刷子把蜡刷上去。第二种方法，用不干胶贴住金属的免腐蚀部分，四周仍涂上沥青。

在放入酸腐蚀之前，一定要仔细检查工

件，看看有没有意外的划痕或错误。如果有，就用沥青覆盖。

要为从酸液中取出工件做预先的准备。可以用铜镊子夹，也可以在工件上用不干胶先粘一个扣环，以便在酸液中活动工件和取出。

4. 金属的蚀刻试验 不同的酸液，不同的漆层会蚀刻出不同的效果。

在你熟练地掌握蚀刻工艺之前，要先用同样的材料、同样的雕刻手法在小块金属上试验，合适之后再把首饰放进去酸蚀。

小心地把试验品放进酸里，要蚀刻的那面朝上，酸液以没过工件1.3cm为宜。根据不同的酸液掌握不同的时间。

蚀刻（"咬"）的深度要不时地观察，把工件取出，在流水中漂洗，看深度够不够，如果不够再放回酸中腐蚀。

5. 粗细线的蚀刻方法 线条的粗细一方面由针刻时的粗细决定，另一方面也由工件放在酸中时间的长短决定，酸蚀的作用是平行的方向强过垂直的方向。

如果图案上的线条有粗细之分，也要用针把整个图案剔出，放入酸中腐蚀出所有细线，达到要求的深度，把工件取出、漂净、擦干，将最细的线（要保持其宽度）用漆或沥青盖住，漆干之后再放回酸中腐蚀，得到粗线条，这样的操作可以重复几遍。同样的操作也可用于"开放式"腐蚀，可以蚀出不同深度的台阶，用于点蓝。一般来说"闭合式"蚀刻没有"开放式"来得深。

6. 蚀刻印刷 用软质漆覆盖金属板，在上面可以做"蚀刻印刷"，也可以用手把做肌理的材料按压上去。这里介绍的方法可以产生比较有趣的效果：先铺一张干净纸在工作台上，上面放金属板，抹漆的一面向上。然后放上印肌理的材料，盖上一张蜡纸和一块厚纸板（包装箱），把这一切用毛毡包起来，然后用力压这种"三明治"，印出的图案有意想不到的效果。再将图案蚀刻。

（四）软性防蚀漆和液态沥青配方

制漆的工序很脏，最好用一个旧盆子，它永远用来盛漆，熬制时一定要隔水。

沥青、蜂蜡和松香可以在材料行买到，松香要压成粉状，方法是用报纸垫着，用一个瓶子辗压，粉末过筛去掉粗块。

防蚀漆的稀料是煤油和松节油。

1. 液态沥青 沥青粉1份，松节油1份，溶化的松香1杯，液态沥青1平茶匙。

在旧盆子里同时放入沥青粉和松节油，并进行搅动，以免结块，然后隔水加热熬制，继续搅拌直至均匀成蜂蜜状。如果需要再加进沥青粉，最后加松香。

2. 硬质防蚀漆 白色蜂蜡8份，沥青粉5份，松香3份。

先把蜂蜡放在隔水的锅里加热熔化，量好份量慢慢加入沥青粉，不断地搅动，最后添入松香，成品最好倒入蜡纸杯里，等它冷却。

3. 透明胶 白色蜂蜡11份，松香5份。

4. 软质防蚀漆

（1）夏天使用。

硬质漆3份，板油1份。

（2）冬天使用。

硬质漆1份，板油2份。

用隔水锅溶化硬漆，加入板油搅匀，板油是动物油脂，如牛油、猪油等。

（五）酸液

1. 酸液使用注意事项 凡是酸液都是危险的，操作的时候，一定要十分小心。兑制酸液的时候，要先把水放在容器中，再慢慢地把酸倒入水中。如果先倒酸再倒水，酸会溅出或爆炸。酸和水用玻璃棒或木棍搅拌。盛酸可以用玻璃杯、耐热玻璃盘、聚乙烯容器或搪瓷盅。操作时带橡胶手套。如果被酸灼到皮肤，要马上用凉水冲洗，用小苏打或普通肥皂清洗也可以。酸的蒸汽也是有毒的，兑制酸，进行酸蚀时要在通风良好的场所。如果酸在工作室中或教室里经常使用，要把它装在广口的玻璃瓶里，也可以贮存在塑胶桶中。用一个塑胶大漏斗把酸倒入容器。如果是在家中偶尔使用，用完要及时处理掉，浓酸液要特别贮藏在安全的地方。

2. 处理酸液 把装有酸的瓶子放在盥洗池里，把冷水灌进瓶里到3/4的位置，慢慢将小苏打加进去，有强烈的气泡冒出，这是二氧化碳。直到加进小苏打不见冒泡了，酸液就被中和了。再往瓶里灌水，到满为止。让这样的状况持续几分钟，直到确认液体已经完全稀释。中和的溶液，可以倒入下水道。

3. 酸液的配方 下面将介绍几种不同的酸液配方，可根据要蚀刻什么金属，腐蚀多深和要蚀刻的效果来选用，同时还要看操作场所的通风情况。

一般来说，要把金属"咬"得很深，宜用一种弱酸。虽然用的时间较长，但线条特别清晰，而且保护层（漆层）也不那么容易从金属面上剥离。如果需要腐蚀性较强，酸中兑水的比例要减少。或者在蚀刻的过程中，晃动酸液。

有时同一份酸液不仅只腐蚀一件工件，但不同的金属不能在同一份酸中进行腐蚀，因此要根据需要配酸，用完要贴上标签，下次分别使用。

（1）黄金。盐酸8份，硝酸4份，氯化铁1份，水40～50份。

（2）白银。硝酸1份，水2～4份。

（3）铜、黄铜。

（a）硝酸1份，水2份。

（b）氯化铁晶体325g，水1L。

（c）盐酸1份，水9份，氯化钾（粒状）拌入水中至饱和点，盐（氯化钠）一茶匙。

（4）镍及"镍银"。如铜腐蚀液A和B。

（5）铁、钢。盐酸2份，水1份。

（6）锡、铅和"锡蜡"（锡与铅或铜之合金）。硝酸1份，水4份。

在上述的酸液中，硝酸的蒸汽最为有害。当把工件放入硝酸中的时候，小的气泡就会产生。如果无气泡产生，说明酸液太淡。当酸太浓时，一股棕色的气体就会逸出，起泡现象也很激烈，在这种情况下，要往酸里缓慢加水。

如果气泡停在工件上并不逸出，这说明酸液与工件产生了某种"绝缘"，可以用一根羽毛扫一下这些气泡，或者晃动容器，化学反应就会继续。

如果想在"开放式"酸蚀的背景上做出肌理，把在稀酸中做出蚀刻的工件放入浓酸中几分钟，就可产生有趣的麻面的肌理效果。

酸蚀的时间可以从几分钟到3h不等。使用时间的长短要看酸的强度及蚀刻的深度和面积来决定。

硝酸的腐蚀很容易向水平方向发展，比起其他酸类更快把线"咬"宽。

铜的C号腐蚀剂化学反应得很慢，要腐蚀1～4h，当然也要看"咬"多深。其水平腐蚀作用不明显，因此很多人喜欢用它而不用硝酸，缓慢的化学反应，决定了这种酸不宜做"开放性"腐蚀，这种酸蚀不出现气泡。

配制C号腐蚀剂的方法：用热水冲兑氯化钾达到饱和状态，把酸倒入，再添盐，用前把溶液晾至室温。

氯化铁是一种盐而不属于酸，因此使用和操作的方法都与酸不同，溶液的本身有毒，不会挥发。因此可以在教室中或工作室中使用，要做深度腐蚀需5~6h，水平方向的腐蚀作用也很强。

任何粘在金属上的油污对于氯化铁来说都是保护。工件一定要干净，绝不能用手摸要腐蚀的地方。氯化铁一般都是块状的，称好要用的量，放在盘中。一个浅的容器较适合，慢慢将氯化铁倒入热水中，混合均匀。一般要用半个小时才能完全溶解，溶液可以用小苏打来中和。

（六）金属板的摆放

要蚀刻的金属板刻面朝下，板的背面和四边用蜡封好，然后用电线（有胶皮的）把板悬在溶液刚没过的位置。也可以用不干胶做几个扣环粘在金属板背面，然后都涂上蜡保护。金属板如果摆得不够水平，蚀刻的深度就会不均匀，所以蚀刻的金属板最好是完全水平的。蚀刻造型丰富的首饰要选用其他的酸液。

（七）清洗和后期处理

当工件蚀刻达到要求之后，把它取出放入氨水中5~10min，这样就停止了酸的腐蚀作用。如果工件是铜质的，氨洗还能去掉上面的污点，然后用清水漂洗。记住，一定要先放进氨水里，特别是要熔填珐琅的铜工件。

把工件浸入专门溶解液几分钟，溶掉防蚀涂层，用牙刷刷掉残留物。另一种方法是用一张报纸垫着，倒一点溶解液在工件上，让其作用几分钟。涂层软化后，用纸擦掉防蚀层，也可用牙刷刷。需要的话，再加点稀料。最后用肥皂和清水清洗。

蜡可以用柴油或丙酮清洗，也可用热水清洗。蚀刻之后，工件上小的缺陷可以用雕刻刀修整。背景上的肌理也可以用常规的工具去做。

蚀刻作品可以进行精细抛光或做旧处理。

第五节 喷砂

喷砂是将金属首饰工件按设计要求局部喷成麻面的一种工艺。使首饰的抛光面与喷砂面形成质感对比，以增强首饰的表面装饰效果。喷砂有时用于清除金属表面硬质镀层（如去除旧的电镀层）。

喷砂机是一个玻璃钢盒子，通过固定在盒上的橡胶手套操作工件。盒子上有玻璃观察窗，喷砂磨料有硅砂、氧化铝砂粒等，可根据不同需要选用，砂子经高压空气喷枪快速击打金属表面，形成喷砂效果（图4-9）。

有时喷砂可以做出缎子光泽和"结霜"效果，也可以在一件首饰上喷出不同肌理的图

图4-9 喷砂机

案。喷砂有干喷和湿喷两种，以下介绍干喷工艺。

一、喷砂工具

喷砂需要工具有：喷砂机、空气压缩机、硅砂或氧化铝砂和防护胶带或者防护蜡。

二、操作要领

（1）将首饰不需要喷砂的部位贴防护胶带或用防护蜡封上作为保护，贴防护胶带或上防护蜡时根据设计要求线条要干净利落。

（2）根据设计要求，挑选适当粗细的金刚砂、硅砂或氧化铝砂，放在喷砂机内，检查调试所需要的空气压力。

（3）手持首饰工件，将需要喷砂的部分在喷砂机内对准出砂口，砂粒通过高压空气喷在首饰工件上，喷到符合要求为止。由于喷完砂的表面光泽变暗，可通过"炸色"使砂面光泽增强。

第六节　做旧

首饰的外部可以通过化学处理获得几种需要的或有趣的表面效果，这样的处理主要用在银首饰和铜首饰上，偶尔也用于金首饰。

一、做旧方法

要处理的工件需先经白色和红色抛光皂抛光处理，也有一些只经砂纸或钢刷打磨处理。

对金属进行化学处理，清洁是最重要的，油渍和污物将影响化学处理的效果。抛光后的工件要用热肥皂水（可加入几滴氨水）用刷子清洗干净，现多用洗洁精洗涤。

做旧（蓝黑色）铜和银，需要用硫化钾。这种化学液体很易配制，方法是将少量硫化钾滴入热水中。将工件浸入液体，当颜色变成蓝黑色之后取出，如果处理时出现不均匀的斑块，要用钢丝球擦不均匀处，再将工件放回溶液中，也可以将钢丝球浸满溶液擦拭工件，用旧牙刷蘸也可以。

当需要的颜色做好后，用抹布将工件擦干，然后用干燥的细钢丝球打磨工件，打磨时蘸些滑石粉。也可以上抛光机，将凸出的地方抛亮，而将凹陷的地方保留蓝黑色。

注意：为了使用方便，可以用硫化钾兑成浓缩液。方法是将一大块硫化钾溶入一瓶热水，以后使用时只要将浓缩液倒出若干，兑热水即可使用。

二、将银、金、铜及其合金的表面做成黑色

把28g二氧化碲兑入0.3L盐酸，然后用水稀释。用于金、银须兑入两倍水，用于紫铜、黄铜、镍银则兑进6倍水后使用。溶液浓度太高，黑色会从铜的表面脱落。

可以将工件浸入溶液，也可以用旧牙刷将液体刷上去，在使用液体时要十分小心，因为里面含盐酸。加热的溶液处理金质工件的效果较好。

如果对黄铜或镍银表面做发蓝或发黑处理，只须将这两种金属浸入煮沸的三氯化锑，其表面就可变黑。

金的做旧处理，最简便的方法就是将碘酒轻轻敷于金首饰之上，当出现蓝色或黑色之后，洗掉碘酒，擦干后通过抛光或用钢丝球擦拭，达到希望的效果。

许多批量生产首饰的工厂，工件在做旧处

理之后都经抛光，黑色部分留在凹陷的地方。

其他的金首饰的表面效果还可通过电镀来处理。

三、保持最后的表面处理效果——刷漆

铜、黄铜和银首饰在空气中会逐渐变暗，原因是在空气中存在着微量的硫，硫使铜、黄铜中铜的成分以及银产生化学反应，化合成黑色的硫化铜和硫化银。

铜和黄铜首饰的表面可以刷上一层透明的油漆，但不能用在戒指上，通常银饰品不用刷漆的方法防止变黑，手工制造的银饰发黑后可以再擦拭，去掉硫化层。

漆可以用刷子刷，也可喷涂或将工件浸入漆中，浸漆法较适用于加工胸针，具体做法如下所述。

用一个小的广口瓶（瓶口能盖严），倒入若干清漆，然后将漆用稀料稀释，约加入 1/3 稀料。用细金属丝捆绑工件，浸入漆中片刻，取出后快速摆动或捻动工件大约三四下，去除多余的漆。接下来把工件放于一个干净的平面上让漆固化。固化大约需要5min时间，凝固之后才能用手拿。

如果要去除首饰上的漆，可以用酸或碱煮。

第七节　褶皱肌理的制作

烧皱法是用焊炬把金属表面熔烧成波浪起伏状肌理的方法（图4-10）。这种方法的原理是：当一片金属的一面被加热至熔化的时候，另一面因为导热的原因开始变软，这一时刻让它冷却，变软的这面就会往中心收缩，已烧熔的那面冷却得略慢，两面不能同步，因此产生褶皱。

经验证明，标准银比较容易做出褶皱，效果最好的是830银，即83份银，13份铜的合金。

一般来说，要做褶皱的工件其造型和轮廓

图4-10　金属表面褶皱肌理

预先很难完成。

做褶皱肌理需先在925或830银板的表面做出一层纯银薄膜。其方法如下：把合金银板放在铺满浮石的退火盘里，用焊矩以文火（少给空气，多给煤气）慢慢加热（5～10min）至暗红色（银的退火温度约650℃），把它淬入10%稀释硫酸溶液或33%稀释硫酸溶液。酸液淬火能去掉铜氧化层，在合金表面留下一薄层纯银。

这样的过程可以重复4次，做完之后，纯银层会增厚。当然，这只是普通的情况，具体烧多长时间，淬几次酸并不是很严格，要根据经验和做什么样的褶皱而定。有一点，在操作的时候，尽量用铜镊子夹工件，避免用手拿。

在熔烧褶皱之前，确认金属片的表面是平滑的。不想有褶皱的地方两面都刷上赭土，形成保护层。把金属片放在一块干燥的焊瓦上，用软硬适中的焊焰（一半空气，一半煤气）慢慢加热。要来回移动焊炬，逐渐加高火焰的热度至金属板变暗红色并出现皱纹。这个过程往往要几分钟。当褶皱明显出现的时候焊焰还要增加一点热度，不仅要来回移动，还要上下动，或者做对角线移动，从一个方向到另一方向，边角的地方也要注意。

持续加热有时候会烧出窟窿，如果出现这种情况，也不要停下焊枪，等做完再说，也许整块材料有一部分能用，或者窟窿也能做肌理的一部分。

做好皱纹的银板放入10%稀释硫酸酸洗。

做过褶皱的金属板很脆，很难弯曲，很难做造型。要把它们相互焊接或与别的材料焊接只能用低温焊料。用褶皱银板做的首饰后期处理有做旧、电镀或用钢丝刷刷，黄色和红色14K金也可以用上述方法做出褶皱。

第八节　金珠粒工艺

金属珠粒是实心的小球，珠粒在金银首饰中经常使用。很难给金属珠粒下一个定义，多大的颗粒才能称为"粒"。我们姑且确定为从0.2～0.8mm 直径的颗粒。

金珠粒工艺涉及这样一个工序：不经焊料焊接而是通过熔融的方法把圆的或其他形状的金属颗粒熔接到一块金属片的表面，许许多多的金属珠粒可以组成线、图案，甚至浮雕（图4-11）。有时随便播撒的珠粒也能成为一种造型。

相对于用焊料焊接，熔融焊接金珠粒的特点是它们只有一个点与金属片表面相连，显得干净利落。

一、制作金属珠粒

22K金和纯银最适宜做金属珠粒，低开数的黄金（14～18K金）和标准银也可以用。纯银相对925银能吹出更圆、更光滑的珠粒。

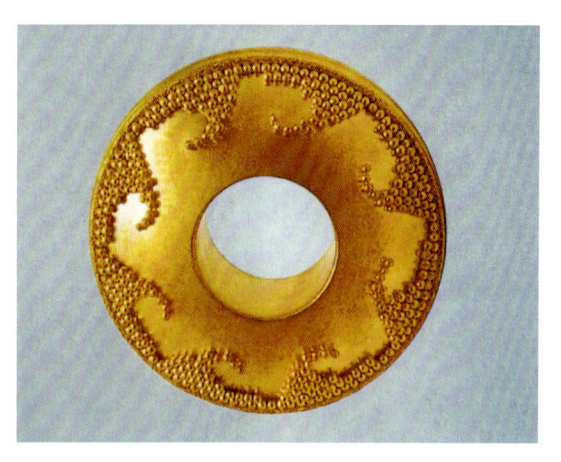

图4-11　金珠粒工艺

金属珠粒工艺是通过加热熔化一小块金属，让它自己凝成小珠粒。在做珠粒前要酸洗金属。加热之前，金属外部要涂上一层硼砂焊剂，以免氧化，同时也能促使珠粒更圆。要做特别小的珠粒，可以用粗锉先把金属锉成屑。做大的珠粒时，可以把片材或线材剪成小块。如果做大小相同的珠粒，剪下的小块金属也要一样大小。也可以先把金属丝绕在一根棒上（像做链一样），然后再将绕好的金属卷从棒上取下，用短口剪将丝剪下，这些小环在熔化后就形成了相同的珠粒（小球）。

做少量的珠粒，或者只是做一下实验，只要把一小块金属放在木炭上（如果手头没有木炭，熔烧珠粒也可在木块上进行，并且效果更好），用慢火吹熔，就可凝结成珠粒。要把珠子做得很圆的方法是首先在炭上用合适尺寸的窝錾按出一个圆窝，在里面熔化金属。熔成小球的瞬间，要把焊枪的空气关掉，只留黄火焰，然后慢慢离开小珠粒，这样能避免珠粒氧化。如果做大量的珠粒，宜把金属碎块撒在一个筒状的坩埚里，里面先垫上一层厚2cm的木炭粉。小金属块一定要散开，如果互相碰上会熔出大颗粒的珠粒，影响使用。坩埚里的木炭粉可以分层，每层都撒上金属碎块，放满坩埚为止。每层炭粉厚度1.3cm。

坩埚放入预热好的焙烧炉，当加热达到适当的温度后，小块金属熔化，由于表面张力的作用凝成小球。做金珠粒时坩埚需要加热至1038℃，并保持30min；银珠粒需955~982℃，10~20min。所需时间长短一般取决于坩埚的大小。

如果要观察珠粒凝结的情况，从炉内坩埚中舀出一点炭粉，扔到凉水里，珠粒会沉到水底，看它们是不是够圆，不行就把坩埚放回炉里继续加热。珠粒做成功后，把坩埚置于空气中慢慢冷却，然后倒在放好洗洁精的水里，把浮起的木炭淘洗掉，最后把珠粒取出，可以用不同孔径的筛子挑出大小。

上述的两种制作方法，由于运用了木炭，在某种程度上能让金属与空气隔绝，使球面光滑。珠粒与首饰熔接之前也要经酸洗。

二、低共熔原理

金珠粒工艺的首要问题，就是要了解"低共熔原理"，所谓的低共熔合金是一种由2~3种金属熔合而成的合金，其熔点会低于组成它的金属的熔点。很多的合金或焊料都是"低共熔合金"。通过控制合金中某种金属的比例达到比共熔点温度还低的熔点（达到尽可能低的熔点）。加入很少量铜就能使银或金成为低熔点合金。从这个意义出发，如果金属珠粒上被覆上一层薄薄的铜粉（铜盐），再把珠粒粘到胎体金属上，在烧熔的状态下，珠粒与胎体金属的接触点上就形成了低共熔合金，利用这种办法，珠粒与胎体金属就熔接在一起了。其原理就是胎体金属与珠粒结合部位的熔点要略低于两者的熔点。

实际上，珠粒与胎体金属熔融的过程是分子交换的结果，当我们用慢火烧，铜盐产生氧化，从铜中逃逸的氧与碳结合成二氧化碳气体，把氧化铜还原成纯铜，这个纯铜薄膜填充了珠粒与胎体之间的空隙，并与二者形成合金从而使它们结合在一起。因为在高温下铜扩散进了金银里，因此熔接的点上看不出有铜。

22K金与纯银之所以更适于做珠粒，是因为它们与铜合金之后的低共熔点温度比主体金属低许多，这样操作的时候，有一定的误差也不会烧坏整个工件。

三、胎体金属的准备

在做金珠粒工艺之前,工件的基础造型应已完成。

注意:工件上的大部分焊接都应在熔接珠粒之后进行,因为熔接珠粒的温度比焊接要高。以后的焊接应用低温焊料,在珠粒上要刷赭土保护。如果焊接一定要在熔接珠粒之前进行,就必须使用高温焊料。操作之前彻底酸洗工件,保证去掉污迹和氧化层。清洁之后的工件用镊子拿。此外,工件最好已进行砂纸的打磨,做好珠粒之后,只进行最后抛光处理,以免损坏珠粒。

四、施放珠粒的方法

用蒸馏水调制一种有机胶液,黄芪胶、白芨胶、兽皮胶、鱼皮鳔胶都可以,调制胶液的配方如下:

适于平面使用——1份兽皮(猪皮)胶,15份水(蒸馏水)。

适于弧面使用——1份兽皮胶,2份焊剂(硼砂),12份蒸馏水。

用什么金属也要考虑,如果用22K以上黄金或纯银,还要放入与胶等量的二氧化铜或氢氧化铜。

当做的是14K或18K黄金,因为其中的含铜量较高,胶水里就不用放铜盐(二氧化铜)。但是在加热的时候要用一个富氧的焊炬(焊枪调至空气较多、煤气较少),烧至氧化层较厚(工件变黑),然后就把珠粒用胶粘在设计的位置。如果低开数的金经过了反复的酸洗,表面留存的纯金就增多,这样就要往胶里添加铜盐。也有人在纯银和标准银的胎体金属上做珠粒工艺时不加铜盐,却也很成功。但是,总的来说,添过铜盐效果会好得多。

珠粒放到胎体金属上有不同的方法,先把要装饰的地方涂上胶,用镊子把珠粒夹上去,也可用吸满胶的描笔蘸上珠粒往上放。另一个方法,先把珠粒涂上胶,然后再用毛笔蘸着往上粘。一定要等胶完全干燥后才能加热。工件要仔细地放在一块平的木炭上。

五、熔接珠粒

这里的首要问题就是能使珠粒和胎体金属同时受热并且温度一样,否则,珠粒就会塌陷、熔化、过热,还会在金属上留下橘皮状的皱纹,影响效果。

最直接的方法是看金属胎体,加热到发亮即刻撤掉火焰。注意:22K以上黄金在熔塌之前表面先熔流,而标准银在熔塌之后才熔流。低开数的黄金合金和银合金熔融温度极接近熔化温度,判定撤火的时刻非常难掌握,只能在实践中去准确把握。

也可以用电炉辅助加热,用低温焊炬进行控制。先把赭土刷到胎体金属的背面,用一块铁板或云母垫着放在电炉丝上,工件加热至浅红色,用焊枪的火焰罩住珠粒,这样整个首饰都能均匀地受热,这一过程要非常小心地控制,熔接一旦做好,马上撤掉火焰,关闭电炉。

如果可能的话,一次加热就把工序完成。如果烧了一次之后还要把更多的珠粒熔接上去,工件一定要清洗得非常干净。熔接做完后,工件要慢慢冷却,然后用镊子去试,看是否所有的珠粒都已经焊牢,用镊子拽不下来珠粒说明熔融很成功。

六、后期处理

抛光时要非常留意,以免把珠粒弄掉。抛

光之前要先酸洗、水洗。如果工件在做熔接之前就已经很好地抛光，就不必再抛光了。如果要做绢丝光泽，要用很细的铜刷轻轻地旋转着刷。如果要发亮光泽的效果，要在柔软的羊毛轮上用红抛光皂抛光，或干脆用羊皮蘸红皂手动抛光。

第九节　电镀

通过电镀的办法，能把0.00013mm厚的金、铑、银、铜和镍镀到首饰上。当把很厚的金属层镀到绝缘体上，如果是镀到蜡、聚苯乙烯树脂上形成一个较厚的镀层就称为"电铸"（在铸造章节中讲述）。

镀金是制造时装首饰（廉价首饰）的最后工序，也是必不可少的工序。镀金能使首饰更加醒目，能防止变黑、氧化和被腐蚀。一般镀金都尽量少用金，0.000025~0.000085mm厚的镀层就已足够。

金首饰也常常镀金，这样色彩能更加鲜亮，同时也能掩盖焊口的颜色差别。同时通过电镀还能制造仿古效果，像古典的绿金、暗粉色金的效果也都能做出。

镀金常用于银质时装首饰如耳环、胸针、手镯或其他不常受摩擦的饰品。金镀层很薄的首饰应该再涂一层透明漆。

铑是所有金属中最白的金属，属于铂族金属，它最适于电镀到首饰上，因为铑永远不发黑，不为酸和汗液所腐蚀，并且坚硬耐磨。铑镀层呈银蓝色反光，能很好地与刻面宝石配合。铑镀于铂金、K白金首饰以及时装首饰上，使这些首饰的光彩更加夺目，而费用还很低。

纯银能镀在925银之上，也能镀在黄铜、紫铜、镍制成的时装首饰之上，也常用于电铸首饰。

镀铜主要用于电铸和做装饰镀层。氰化铜镀液一般用于电镀低温焊料、铅、铁、钢和镍等金属。它能产生一层平整的由微粒组成的镀层，最适于随后的镀金处理。镍表面也要先镀铜后才能镀金或镀铑。酸性铜镀液用于电铸，能镀得很快和很厚，同时能避免含氰镀液的危险（剧毒）。

黄铜、紫铜、银首饰在镀铑之前要先镀镍。9K金和绿色金也要先镀镍再镀铑。

一、电镀理论

（一）电解

一般电流通过混合有金、铑、银等元素的化学溶液，能将这些元素的一部分镀到带电的金属物件上。这种溶液叫电解质。电流从正极进入溶液，从负极离开，电流通过电解质溶液的过程叫电解。

在电解的过程中，正极上氧释放出来，溶液中的金属元素附着在负极上，即需要电镀的工件上。正极不断地往电镀液中增入金属元素替代负极上已镀上的金属，前提条件是正负极的金属是一致的。可溶解的阳极板通常是纯金、纯银、纯铜和纯镍。被镀的铂的负极是不可溶解的，电镀液中要不断地添加金属盐以确保它处于饱和状态。

（二）直流电源

必须用直流电进行电镀。如果只有少量工件要电镀，电流可以由蓄电池来提供。不能使用干电池，因为它们的寿命太短。专业电镀用整流器提供直流电。

电流量的大小由工件的大小和数量所决定。

10A的设备足够用于一般的首饰电镀。电压：通常用2～6V电压镀金，2～5V镀铑，保持合适的电流量比注意电压更重要。

电镀时，需要电流表来调整电流量（安培），用电压表来控制电压（伏特），市场有售集合了两表的首饰电镀整流器（图4-12）。电流在电解液中所走的距离长短决定了工件上镀层的厚薄。如果工件的某一部分离阳极太远，带电金属微粒到达这里就很少，又因为电流要走的这段距离较长和电阻的原因，到达这里的电流也减少。所以远离阳极的地方镀层变薄，甚至可能完全没有镀层。

图4-12 电镀整流器

在某些镀液中（比如铑），工件的任何部位都要与阳极保持同样的距离，这是一个非常重要的原则，因为这样能使电镀达到最高的效率和最理想的效果。

为了保证镀层很均匀，要注意工件上受镀的面与阳极保持尽量相等的距离，如果镀的是一个平面，就用一个平面的阳极，这是比较合理的办法。也可以在电镀的时候翻动工件。如果工件是弧形的，那么阳极就弯成弧形的，也可以设置几个阳极在工件的对面，或用阳极把工件圈在中间。所有的这些阳极都与整流器的阳极相连。

注意：阳极的面积，最好别小于工件面积。

阳极和工件应用直径0.8～1.0mm退过火的铜丝悬挂在电镀液中。阳极铜丝弯成圈，穿过工件上的窟窿。注意铜丝与工件接触的点是在不明显的地方，而且要保证接触点可靠。

决定镀层厚度的因素有以下四个方面：

（1）电镀面积。

（2）阳极电流量的大小，作用于工件的电流。

（3）电镀厚度。

（4）电镀时间长短。

（三）电流密度

电镀一个工件单位面积所需安培数叫最佳阳极电流密度。对电镀过程的成功控制由根据不同的电镀面积准确地掌握电流量所决定，而面积按平方厘米计算。所以电流和电压的大小是根据电镀池中工件的大小和多少来决定的。如果工件数量较多的话，用同样的电压，电流量也需增大。我们得出这样的结论：电镀面积增大一倍，电流量也要相应增加一倍。

决定电镀一个工件的电流密度：首先计算首饰的表面积，然后用1cm²相除，整流器应提供的数值为：

$$A \times CD = I$$

式中：A ——面积，单位cm²；

CD ——理想电流密度（A/cm²，此系数是固定的，为0.0043A/cm²）；

I——电流。

例：你要电镀的面积为322.5cm²，阳极电流理想密度 0.0043A/cm²，根据公式：

$$A \times CD = I$$

$$322.5\text{cm}^2 \times 0.0043\text{A/cm}^2 = 1.4\text{A}$$

很多专业的电镀师傅通过电流密度控制电镀过程，通过读出镀池的电压数来检查是否保持在最好效果的范围之内，不然的话，就通过简单的调整，设定通过镀池的电压，同时注意一下安培数。绝大部分的电镀溶液和电镀系统都是很易操作的，并不是随时都要进行计算，但如果有一个准确的数据对于正确操控更有帮助。

要想镀得又平又亮，就必须控制电流密度。如果电压升高，电流量就要增大，那么电流密度也就相应增大（按相应的比例）。因此，电流密度过大，附着在首饰上的镀层微粒就变粗，而且附着不牢。电镀首饰时，出现很粗糙的镀层，就要降低电压，相应电流减弱，一直调整到能获得平滑的镀层为止。

注意：电压如果太高或者工件靠阳极太近，会"烧坏"（变黑）工件上凸出的地方，如戒指上的镶爪。镀层的厚度由电流量大小和时间的长短所决定。镀0.025mm厚不同金属镀层所需的安培小时量：

金 6.2；铜 8.8；银 6.2；镍 18.7。

100 安培小时所能电镀的厚度：

金0.406mm；铜0.292mm。银0.406mm；镍 0.127mm。

二、容器（镀池）和温度

电镀首饰的溶液最好盛在耐热玻璃罐或不锈钢容器里。不锈钢容器（阳性电极）能用于镀金电解清洗。耐热玻璃容器用于镀铑，也适用于其他金属的电镀（包括镀金）。

很多种电镀液工作状态下都需要加热，生产厂家多用煤气加热，热量比较好控制，只要调控火焰大小就可以了。当然也可以用电加热。电镀时的温度不是一个决定性的因素，会随每个人的掌握而不同，只要电镀效果好就可以了。电镀时的温度可用温度计检测。

电镀液平时要密封保存以免挥发和落下灰尘。如果电镀液中有结块或脏物，要进行过滤。主要滤掉镀液中的微粒，以免在工件上形成黑点。

如果用电热板加热，不锈钢容器底下要放一块耐热垫（起绝缘作用）。电加热较适合加热小型的镀池。

三、镀前的准备工作

首饰在电镀前所有工序都应准备完毕,例如焊接、镶石等。经过酸洗、抛光和彻底的清洁（应用超声波清洗），有氧化层和污渍的地方，电镀是镀不上去的。

注意：无论是天然的、养殖的或合成的珍珠，珠贝浮雕、塑胶合成的仿宝石、松石、欧泊石或其他任何不耐热的材料，在镀液中都会受到损害。不要电镀带这些材料的首饰，这些材料要在电镀完成后再镶上去。

首饰经抛光后，用超声波清洗机清洗，注意加入适量洗洁精，最好用铜丝吊于水中。用刷子刷掉没洗掉的抛光蜡。刷的时候可以用毛巾垫着，然后用热水和凉水冲洗。

不要用手拿没有镀好的工件，洗净的首饰用铜丝挂住直至后续的电镀工序完成。

（一）电解剥离

用于去除旧的镀层，以重新进行电镀，去除

不易清除的污渍，清除氧化层和烧结层。工作的原理与电镀正相反。完成电解剥离的首饰从溶液中取出进行彻底的清洗，干燥，拭光，电镀前进行电清洗。

（二）电解清洗

经过上述溶液清洗之后，首饰工件应经电解清洗彻底清除抛光蜡和油渍。这种电解液的配方为：

57g苏打，0.5g氢氧化钠（碱）兑入1.1L水，7g氰化钠加入上述溶液，洗涤作用将更强。现成的溶液有关商店有售。

容器可以是耐热玻璃罐，加一个不锈钢阳极，或者干脆用不锈钢容器（其本身做阳极）装洗涤溶液，溶液加热至80℃，比沸点略低。

工件挂在铜丝上放入溶液，铜丝做阳极，通入6V电流，电压也可以略高。阴、阳极直接接到直流电源上以便获得尽量大的电流。清洗时间15s。洗涤作用通过氢的活动来实现，氢能搅动溶液中的肥皂成分使首饰上的污垢和油渍乳化，达到更快去污的目的。从洗涤液中取出的工件要用清水洗净。

将洗好的工件放入5%硫酸溶液中，洗去电解时的污渍，并将任何碱性物质中和，然后再用水进行冲洗。

电解清洗做完后，有一种办法可以检查工件表面有没有油污。因为水不会粘在有油污的表面。利用这一原理，检验工件时，把它放入清水，拿出来，仔细地观察，如果工件很干净，表面能看到附着一层薄薄的水分。如果水不粘或碎开，那么电解清洗还要进行下去，到符合标准才能拿去电镀。

用清水彻底漂洗工件非常重要。无论电解清洗之前还是电解清洗之后，电解清洗液要保持清洁，最好每星期都换。

（三）电镀液的配制或购置

在过去，电镀师傅习惯自己配制镀液。现在都买现成的，就需要的时间和设备而言，这样比较经济。

（四）重新使镀液饱和的办法

电镀的过程中，电镀液中的金属变成了镀层，这种金属元素的丢失要得到不断的补充才能使镀液保持它的原始状态和工作活力。当阳极金属逐渐溶解，证明镀液中的金属元素在不断地得到补充（阳极的金属溶到了镀液中）。但是当我们用的是一个不溶的阳极，如含铑或金的氰镀液中的情况就要定时补充金属元素。

为了弥补挥发，在放入新溶液的容器上要做上标记。加热和自然状态都会发生挥发（挥发的是水分）。要经常加水以保持原来的溶液深度。

四、电镀液配方

以下列出了几个经过实践检验的电镀液配方，供希望自己配制溶液的读者使用。

（一）金电镀液

金电镀液用浓缩的"金汤"或金氰盐配制，这些含金化学品在首饰材料行有售。只要加入一定的蒸馏水就成电镀液。

可以用黄金直接做出电镀液吗？回答是肯定的。以下的配方就可以使用，那么能保证成功吗？不能百分之百。从使用的角度，所有的首饰匠都是买现成的配料，因为各种颜色的和各种含金量的配料都有现成的。

1. 配方

（1）普通黄金镀层。含金氰化钾（67.5%）

42.5g，氰化钾114g，碳酸钾114g，磷酸盐114g，水4.5L，镀液温度：60~70℃，电压：4~6V，电流密度：0.54~1.08A/dm²，时间：5~30s，搅拌（只用于镀24K金）。

（2）闪亮黄金镀层。含金氰化钾，67.5%，142g，氰化钾56.8g，水4.5L。

加少量氰化铜镀出红色金，加少量氰化银镀绿色金等，其他颜色也可以通过加入不同氰化物获得。

2. 警告 氰化物都是剧毒的，千万不能让小孩触及，避免吸入镀液的蒸汽。不要让皮肤接触到电镀液。每次操作之后都要洗手。为了使气体快速散去，电镀台上方应设抽风罩，或把电镀台安放在窗下并安装排风扇。如果误摄体内，应马上叫内科医生，或将中毒者马上抬到空气新鲜的地方。把戊基亚硝酸盐药片碾碎放在患者鼻子下15s。如果中毒者仍有意识，用一茶匙盐加入一杯温水中喝下引致呕吐。让患者用鼻子"吸食"戊基亚硝酸盐，要重复5次，每次间隔5min，进行电镀操作的时候要带上橡胶手套和橡胶围裙。完工后要彻底清洗双手，解毒药要准备在手边。

酸性电镀液绝对不能和氰化物镀液接触。一旦接触会产生剧毒（致命的）氰氢酸气体。确认工件在电镀前绝对干净。

黄金可以直接镀在金、银首饰上，在镍银、黄铜和用软焊料（焊锡）焊接的首饰上要先镀镍再镀金。

为什么要先镀镍，因为只有把金镀在镍上才能得到均匀的颜色。而且金层很薄并有渗透性。一般来说，在黄铜和银上镀金色彩较暗淡，但在镍上镀金则明亮。

注意：氰镀金液用于电镀极薄的镀层（闪光镀层），如果想镀上厚的金层，需要用酸性电镀液。最合理的工序：应先用酸液镀够厚度，然后用氰镀液镀亮。如果镀亮时发生困难，要往镀液中添加含金浓缩液。

3. 免镀防护层 如果工件上的某些部位不想覆上镀层，那么这些部位就要涂上防护漆。涂漆宜用软笔。涂漆前首饰要清洁干净，镀完之后放入除漆稀料（一般用去指甲油稀料或丙酮）泡几分钟，漆层用软刷刷掉或用布擦掉。

4. 两种调子的镀层 通过涂漆可以获得两种颜色的电镀。先用漆盖上预先设定的地方，镀没有涂漆的部分（镀黄金），然后盖上镀好的部分，用另一种金属（如铑）镀先头盖住的那部分，这样就得到了两种色调——镀有黄金和铑的工件。

5. 电镀用的器材

（1）一台25A整流器；

（2）一台有双面电热板的加热器；

（3）两条铜棒电极（一为正极，另一为负极），用于悬挂工件；

（4）支撑架子；

（5）两条整流器连线；

（6）耐热玻璃或不锈钢容器，用作镀池；

（7）免镀防护漆（红油、指甲油）；

（8）一个玻璃漏斗，用于倾倒镀液；

（9）过滤网，用于滤去电镀液中的脏物；

（10）玻璃搅拌棒；

（11）阳极和电镀液；

（12）橡胶手套和围裙。

（二）白银电镀液

银是最早进行商业电镀的金属。镀银需两个配方（两种化学溶液），一种用于镀前处理，另一就是镀液本身。为什么要进行镀前处理？因为像铜、黄铜、镍银和白色金属（锡、铜、锑合金）直接放入氰化银镀液中时会出现沉淀，沉淀为粉状的银末，附着力很差。进一步电镀在这种附着力很差的沉淀上，电镀的效果会特别差。镀前处理液含大量的氰和极少量的银，它不会在工件上产生银沉淀。

注意：悬挂工件的铜丝必须在将工件沉入镀液之前与电极完全接好，否则镀层的附着力就会很差。

1. 白银镀前处理液 氰化银14~20g，氰化钾284g，水（自来水）4.5L，温度：21~27℃，电流密度：1.62~2.70A/dm²，电压：4~6V，阳极：不锈钢镀池。

镀前处理进行10~20s就足够。工件从处理液中取出后要马上放入银电镀液。

注意：最好在不锈钢阳极后放一个比前者小1/3的纯银阳极，这样能保持处理液中银元素的含量。

2. 银电镀液成分 氰化银156g，氰化钾284g，氰化纳114g，水4.5L，温度：21~27℃，电流密度：0.54~1.62A/dm²，电压：1V，阳极：银（纯银）。

镀银一般用15~30min，用1h镀出的效果最好（在30min的时候要取出拿金属刷子刷）。镀银费用并不是很高。电镀时间到后取出工件浸入一桶冷水中，然后用清水冲洗。弄干的办法是先把它们浸入热水中，取出放进锯末中吸干水分。

（三）铑电镀液

铑可以直接镀于铂和K白金首饰上，之所以这样做，是因为镀过铑的首饰非常耐磨、硬度高、洁白闪亮、不怕酸和汗液的腐蚀。

标准银、黄铜、铜和其他廉价合金首饰要先镀镍才能镀上铑。道理很简单，电镀铑有渗透性，直接镀上去，银或铜等的表面会变暗，影响效果。镍镀层能起到很好的保护作用，在镍上再镀铑就不会变黑，此外镍层还对软焊料焊口起保护作用，免得镀铑时受到侵蚀。

镀完镍后，把工件用清水洗净马上镀铑，注意一定要干净。铑电镀液弄脏会很快变质。首饰上遗留的抛光皂都会损害电镀液。铁质镊子不能放入电镀液。

铑浓缩液市面有售，如果要自己配电镀液，要严格按照说明配制。阳极必须是铂金的（含铂钛板也可以）。铂电极体积可以很小，因为它不会溶解在电镀液中。如果不是经常进行电镀，可以用不锈钢的镀池。

电压：2~5V，温度：室温或低于50℃，电镀所需时间：15~60s。

电镀液效果减弱后，补充铑浓缩液。判断铑电镀液浓度的方法如下：把刚兑好的镀液取出30g左右，装在一个无色透明玻璃瓶里，把它贮存在抽屉里，当电镀液用过几次之后，拿出这个样品与镀液比较，如果颜色变浅，则说明效果减弱。将镀液兑回样品的颜色就可以继续使用。要注意添加蒸馏水保持镀池液面的高度。

铑镀液"释放能量"的能力较差，因此工件在镀液中要翻动，确保所有的部位都能镀上，最好还能搅动镀液。隔几秒钟就把工件拿出来看看镀的效果。镀完后取出用清水冲洗，然后弄干。

（四）镍电镀液

1. 配方 镍很容易电镀，下面的配方很常用，浓缩液市场上也有售。

硫化镍398g，氯化镍228g，硼酸142g，水4.5L，溶液温度：29~32℃，电压：5V，阳极：镍质，电流密度：2.16~4.32A/dm²。

2. 注意 因为镍阳极在镀液中很容易分解，在池底形成沉淀，所以一般阳极都用一个棉质的、织得很密的袋子装着，放在镀液中兜住沉淀物。袋子要经常洗涤，如果不是专门买来的袋子要常用热水洗，免得跑出棉絮。电镀时要搅动溶液。镀镍需 3~10min。

（五）铜电镀液

1. 配方 下面是一个安全的、很容易配制的镀铜液配方，也可以做电铸工艺。

硫酸铜 795g，硫酸 199g，水 4.5L，溶液温度：21~27℃，电压：1~3V，电流密度：2.7~3.24A/dm²，阳极：铜质。

注意：用1V镀小件首饰，如果电压太高，电流密度过大，铜会沉淀成粉末状，不会粘结到工件上。同时还会"烧坏"工件上凸出的部位，因为铜阳极本身能自动往镀液中释放铜元素。一般来说，镀到工件上多少铜，阳极就会释放出同样数量铜，电镀液总是维持它原始的化学成分。所以镀铜电镀液能用很长时间。不镀的时候要把铜阳极拿起来。镀铜的时候要搅动电镀液，2~5min 就可以镀完。

2. 搅动 缓慢地进行机械搅动，就可以加大电流密度，这样工件很快就镀好。大批量的生产，一般用移动阳极的办法代替摇动，工件挂在镀液中，阳极在其前后不断移动。效果与搅动是一样的。镀的量少可以不搅动。

3. 光亮剂 普通的电镀表面一般都是亚光的。如果工件批量少可以通过抛光的手段获得光亮的表面。如果想把工件直接镀成光亮的，就要往镀液里加一点化学材料，即光亮剂。光亮剂在材料行有售。

4. 电镀后的清洗和干燥处理 电镀完成后，马上把首饰用凉水冲洗，然后再用热水冲洗，这样能防止出现斑点。然后埋入硬木锯屑或玉米碴子中，这些材料最好先用金属容器烘热。少量的工件可以用电吹风吹干。

工件从电镀池里取出或进行干燥后，有时表面色彩会很暗淡，这时只要用红色抛光蜡擦拭，就能使其闪亮。

5. 电镀液的损耗 当工件从电镀池中取出时，会带出若干镀液，这样造成镀液损耗，成本就会增加。为了避免不必要的浪费，我们可以用一个容器装上水（蒸馏水用于铑），把取出的工件在里面浸一下，这样含有镀液的水就可以在需要时倒回镀池。

6. 刷镀 适用于镀两种色彩的首饰或者镀那些不适于放入镀池电镀的工件。用刷镀笔时要将工件用阳极吊起。

要准备一把像刷子一样的电镀笔，笔毛用铜丝（或尼龙和不锈钢丝）扎住，一般铜丝的直径为0.26~0.33mm。把铜丝在笔毛上绕几圈，保证它与笔毛充分接触。但注意用刷子的时候铜丝不要触到工件上。用一根直径0.8mm的铜丝将笔与刷镀机的阳极相连。用笔蘸电镀液刷到工件上，就能产生镀层。

注意：刷镀时的电流密度要略微加大。专用电镀笔材料行有售。

■思考与练习

1. 表面装饰对于首饰设计有什么意义？
2. 首饰的表面装饰手法有哪些？
3. 金属表面褶皱肌理的制作原理是什么？
4. 电镀的基本原理是什么？

第五章　珐琅工艺

珐琅指的是在金属的表面熔填的一种有色的玻璃质釉料，其化学成分为石英、四氧化三铅(铅丹)、硼砂、苏打和碳酸钾。熔融这些物质就形成一种几乎无色的玻璃质釉层。通过添加若干百分比的金属氧化物，可以产生不同的釉色。如添加钴可成蓝色、铜成绿色、铁成棕色。有色珐琅又可分为两大类——透明釉和不透明釉。

珐琅制作是一种独立的金属工艺，我国在明朝时期就把这种工艺中的掐丝珐琅发展成世界著名的、别具特色的景泰蓝工艺，使这种工艺达到登峰造极的境地。一直以来，珐琅作为一种表面装饰材料与工艺，在首饰领域中得到了广泛应用。近年来，珐琅以其绚丽的色彩、宝石镶嵌的品质又赢得了现代首饰设计者的青睐（图5-1）。因其工艺种类比较多，制作程序很繁杂，在首饰中的应用也较广，所以把它从装饰部分拿出来单列一章。下面分别介绍制作珐琅的材料及加工工艺。

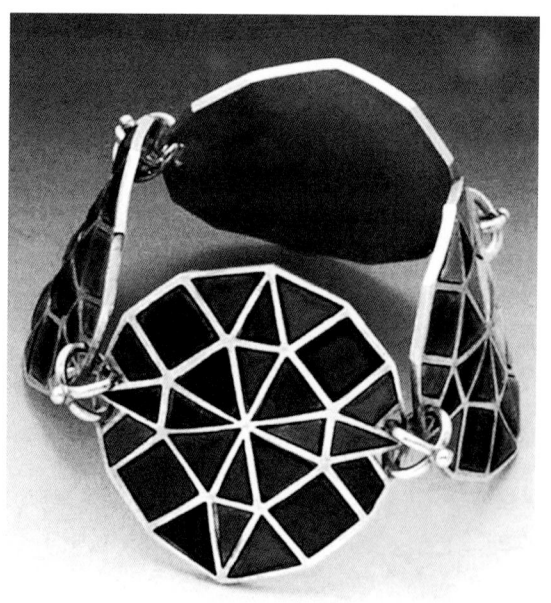

图5-1　珐琅首饰

第一节　珐琅釉料的准备

市场出售的釉料有块状的和粉状的。块状的釉料要用陶瓷研钵粉碎研细。在研磨的时候用水浸没釉料，浸水的目的是防止釉料弹出，同时也能淘洗污染物。釉料要研磨到80目左右。玛瑙研钵用于研制最细的釉料。

釉料粉的淘洗主要通过往研钵中加水（最好是蒸馏水），让粉末沉淀。然后把白色浊水慢慢倒出，直到最后水清为止。不透明釉料磨得要比透明的更细，但透明釉料要洗得更干净。如果透明釉料磨得太细，烧完后的光泽较差。

釉料淘洗以后要烘干。釉料马上使用或放在干燥的玻璃瓶或塑料瓶中保存，旋紧盖子，到下次使用的时候还是干燥的。湿膏状的釉料如果盖起来也能保存几天。长期保存的釉料再用时要再淘洗。

注意：釉料的颜色不能通过混合原色来调制。可以通过改变硼砂的加入量来使透明釉料颜色变浅。一般来说，80目的釉料用于做普通的珐琅工艺。150~200目的釉料用于画珐琅。

大部分釉料熔点在700℃左右，2~4min可以熔融。根据需要，我们可以用不同熔点的釉料。低温釉料比普通釉料低10℃，高温釉料则比普通釉料高出10℃。高温釉料一般用做打底，然后在其上覆盖中温釉料。无色釉料通常直接用于金属表面，以免金属氧化，同时也可为其他色釉打底，或熔填进花丝中间。低温釉有时用于画珐琅外层的保护膜，可以加强表面的光洁度。用什么样的釉料取决于具体情况。

第二节　胎体金属的准备

金属材料，不管是紫铜、银或者金，都可以作为珐琅的胎体。金属在点蓝之前都必须经退火和酸洗，去除金属内的应力、表面的油污和氧化层。酸洗之后的工件可用稀释氨水浸泡以中和酸液。

注意：小件的首饰在点蓝之前不必退火。

铜材用硝酸进行酸洗，酸液比例为1份酸5份水，铜片从酸液中取出后用清水洗净，然后擦干，以免留有水印。干燥的铜材可用细钢丝刷打光。刷完之后还要用水冲一下，去掉上面的铜屑，然后再擦干。切记，准备好点蓝的铜材不要用手指去摸，任何的油渍都会给烧蓝带来不必要的麻烦。

烧蓝的时候，金属总会产生氧化现象，如果在氧化的部位还要点蓝，必须清除氧化物。烧好的珐琅工件不用再酸洗。如果把透明或不透明的釉料点到带氧化层的铜皮上，烧结之后有时也能产生意想不到的效果。

用高开数的黄金做珐琅饰品，纯金可用作花丝。黄金用前与铜料一样，在点蓝之前要酸洗。擦干以后，金质工件最好使用玻璃纤维刷子刷亮。做珐琅的黄金合金不能含有锌，如果在含锌合金上烧蓝，加热的时候锌会挥发，易造成釉面崩裂。

纯银在焙烧的时候不易产生氧化层，因而不用酸洗。此外，纯银的熔点（961℃）比标准银（925银）高。所以以银做胎的珐琅制品一般多使用纯银而不使用标准银（925银）。如果用

925银做胎，需要用加热的1∶10硫酸溶液进行酸洗。

焊接时要用高温焊料，以免在烧蓝的过程中脱焊或熔流。有特制的金焊料用于黄金珐琅。为避免开焊，焊口的位置如果没有点蓝可以用赭土覆盖。焊口上多余的焊料要刮去或锉掉，不然的话会造成釉面破碎。所有焊接都应在烧蓝之前完成。

诸如针栓、别针之类的小配件也可以在烧蓝完成后用低温焊料焊接。用高温焊料则会烧爆釉面。工件要用软火慢慢加热，可以用酒精灯（本生灯）烧熔低温焊料进行焊接。

往珐琅工件上焊接配件之前，首先要磨掉一点釉面，或者焙烧之前就预留空档。如果用电烙铁焊接，要先把焊料在设定的位置放好，把配件摆上去，然后用烙铁加热直至焊锡熔化。

第三节　点蓝

往工件上点蓝时可以用有弹性的小料铲，用滴管点蓝也是常用的方法，也可以用狼毫毛笔蘸料点蓝，把干燥的釉粉漏上去也是一种方法，要依具体情况而定。湿的釉料用笔去填，适用已经掐丝的表面，而漏干粉的方法主要用于铺设大的釉面，如制作碗或盘子的釉面。

釉料铲可以用直径为4mm的工具钢打制，不锈钢更好。料铲的头为锻打成0.5mm厚的扁片，修锉成梯形形状，湿的釉料用料铲放到需要的地方，用刮子刮平，或用大号料铲压平。点蓝工具如图5-2所示。

贮存在瓶里的干釉料可用不同型号的筛子筛撒到工件上，可以根据需要把瓶盖换成50～80目网眼的筛子。

稀糊状的釉料（200～250目釉粉与水混合）可以用喷雾器喷到工件表面，也可以把工件浸入稀糊里以获得均匀的敷层，作为底色。

白芨胶（白芨在药房有售）溶液可以和釉料搅拌使用，也可以喷到金属板表面，然后点蓝，这样釉料就被很好地固定住。

胶液的配制方法是将1茶匙的原胶倒入4.5L水中，摇动瓶子，然后放置几个小时，使其产生沉淀。沉顶淀后的溶液上层是清澈的胶液，底层是粘稠物。配制完成后把胶液倒入另一个瓶中以备喷雾使用，粘稠液用来粘块状釉粒或花丝等。在胶液中加几滴石碳酸（煤焦油），以防变质。

喷胶　胶液可以通过喷雾器喷到工件上。成功的喷雾是使非常小的雾滴完全覆盖工件表面。如果喷得不好要擦干重喷。

如果是平的工件，或者是很浅的碗之类的容器，只要往上喷清水就可以。趁金属表面未干把釉料筛撒上去。

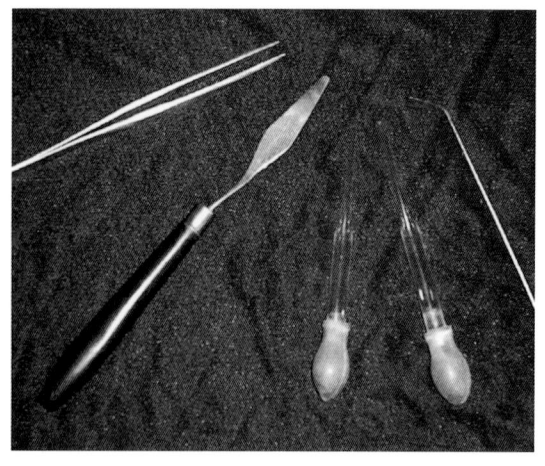

图5-2　点蓝工具

第四节　焙烧过程

焙烧的目的是使釉粉熔化，让工件覆盖上一层结实的、有光泽的玻璃釉面。铜板上的釉面要烧750℃，金、银需700℃。焙烧时间的长短取决于工件的尺寸和炉温的高低。普通工件的焙烧需2~4min。

焙烧的时候，要经常从焙烧炉的窥视孔中进行观察，一般情况下，当釉面发出光泽以后应马上把工件从炉中撤出。在焙烧炉中，工件要摆在合适的位置，太靠近炉壁会受热不均。焙烧温度与时间对釉料成色的影响：标准温度条件下（一般把750℃设定为标准温度，焙烧时间3min）色彩鲜艳；高温条件下（800~850℃）色彩变浓变暗；超高温条件下（850~900℃）色彩开始变为透明。

5cm直径以下的工件可以用焊炬来焙烧，用火焰从底部加热，最好在工件和火焰之间放一块小圆金属片，这样受热会比较均匀。

用电或煤气的焙烧炉效果最好，它能提供清洁的热能。一个理想的焙烧炉炉门能垂直打开，或从侧面旋转打开。小的陶艺焙烧炉也可以使用。向下开门的炉子不能使用，因为门的热浪会影响操作。熔烧时最好戴上耐热手套，以免烫伤，特别是在操作大型炉的时候。桌面上用的小型炉适于制作珐琅首饰。

铺好釉粉的工件放在不锈钢制的三角架上，可以专门做一把叉子或铲子把支架叉入炉中。在焙烧前一定要烘干釉料中的水分。可以把工件摆在炉顶烘干水分，也可以放入炉中5~10s烘干湿汽。

当珐琅烧结完成之后，可用叉子把工件连同支架移出焙烧炉，放在耐火的台面上，使其慢慢冷却。如果工件弯曲了，要马上把它放在一块平钢板上，用扦子按住两边或用平铁块压住，等珐琅固化。

第五节　后期处理及注意事项

珐琅工件的边缘可以用锉刀锉光，工件的背面或底部如果也需要比较好的效果，可以酸洗，去掉氧化层。用凉的硝酸溶液进行酸洗。为防止正面被腐蚀，可以用蜡盖住（加热使蜡熔化，用刷子刷上去）。酸洗之后蜡用热水洗掉。

景泰蓝釉面需要研磨平整，可以用油石蘸水研磨直至金属丝显露出来。用粗油石开始，用细油石精磨完成。油石研磨之后，再分别用320目、600目和800目水砂纸磨光，这时表面是亚光效果。珐琅表面任何嵌入的砂纸粉尘或金属都可以通过以下方法去除：把工件浸入氢氟酸并快速取出，用清水冲洗，这样表面就干净了。干燥之后，放入炉中烧一下，釉面就会光亮。要想把珐琅表面抛出高光，可以用羊皮蘸氧化铬和水的溶液擦拭。

大部分珐琅瑕疵都是因为在烧制前的不当操作造成的。下面列出的是常发生的问题和解决的方法：

（1）如果烧完的釉面很薄且不均匀，是因为上的釉粉本来就不均匀，或几种釉料之间的熔点差别较大，解决的办法是：在薄的地方加釉料再次焙烧，注意熔烧的温度和时间要适度。

（2）如果釉面很粗、很暗，说明焙烧的时间不够或者炉子的温度太低。

（3）如果釉面出现裂纹，有可能是珐琅凉得太快或者工件背面没有上釉，达不到平衡。解决方法是工件背面上釉，重新烧结。

（4）一个大型的工件，在冷却的时候产生爆裂，有可能是金属材料在点蓝前没有清洗干净。釉层太厚而金属板太薄，或金属板背面未上釉都可能出现这种情况。

（5）珐琅表面出现气泡或砂眼是因为金属板上有脏污或油渍。另外的原因是釉粉受潮，或者釉料太厚、水分未干、胶未干就拿去焙烧，甚至釉料未洗干净，都会产生问题。处理的方法：先把气泡弄穿，刮去多余的釉质，如果需要，再补点釉粉，然后重烧。

（6）如果釉面出现支架的痕迹，烧变了颜色，不透明釉烧成了透明，说明工件被焙烧温度过高或时间过长。一般没有办法修复被烧变了色的釉面，只能把烧坏的釉面去掉。而想去除已损坏的釉质，可以通过这样的办法：把釉质烧透，然后快速浸入凉水，珐琅就会炸裂从金属上掉下。

（7）在工件的边缘或中间某处出现黑点的原因，都是因为烧过或者金属的氧化物污染了釉质，要把这些杂质磨掉或锉掉再回炉焙烧。

第六节　珐琅的种类及制作方法

按用途分类，可以分为美术珐琅和工业珐琅（搪瓷）。以金属胎的金属加工工艺为标准分类，珐琅可分如下几种：掐丝珐琅、錾胎珐琅、锤胎珐琅、透明珐琅、画珐琅和透光珐琅。

一、掐丝珐琅（景泰蓝）

掐丝珐琅，又叫有线珐琅，是金属胎珐琅器工艺品中的一种。因其底色主要是蓝色，而明朝景泰年间（1450～1457年）制作工艺最为精湛和普及（抑或开始大规模生产），所以称景泰蓝。掐丝珐琅是根据设计需要把金属扁丝弯成一定的图案造型，然后焊到金属胎上面，在这个图案造型的格子里填充釉料，最后烧结而成（图5-3）。

金属扁丝的厚度和高度取决于工件的设计和用什么金属，它们的宽度可以从0.25～3.2mm不等。扁丝可以通过长方孔线板拔出，也可以从薄金属片上剪下。扁丝要用最高温的焊药焊接，丝往胎体上焊的时候也可以只焊若干个地方。通常，最外沿的扁丝要焊牢在底板上。外沿上扁丝高出来的部分在釉料烧结之后不要锉掉，而要像包镶一样，多余部分往里扣。

成组的扁丝不用焊到胎上，可以先在胎上罩上一层透明釉并烧结，扁丝用白芨胶粘在釉面上，焙烧一遍，丝就陷在珐琅中了。另一种固定丝的方法是：先把丝放在确定的位置上，然后喷一层白芨胶，把透明釉漏上去，烧结，扁丝就固定在胎体上了。

上述的方法宜用纯银做扁丝，因为纯银柔

图5-3　掐丝珐琅工艺

软并且不氧化。如果用 925 银,特别是做大型的花丝图案,烧结冷却的时候会强烈收缩、拉裂釉面。

用弹性料铲或硬毫毛笔把湿的釉料填入图案格子中,用水把淘过的釉料和成稀糊状使用。把毛笔弄湿,蘸釉料往上铺,笔要经常用清水涮洗干净。

我们点蓝的时候要特别注意一些小的角落,不能有任何气泡。点蓝并压平之后,要用纸巾吸去釉料中的多余水分,然后再进行焙烧。

焙烧过的工件要仔细检查,不完美的地方要剔出来,特别是变色的污点要剔掉。如果需要,可以酸洗工件,再上釉料烧结。焙烧可以进行几次,以便达到要求的厚度。焙烧完以后要用油石研磨平整(使用油石要由粗到细),直到所有金属丝都露出来为止,然后到焙烧炉里把釉料烧出光泽,再把金属丝工件进行压光和抛光处理,最后把工件拿去镀金。掐丝珐琅工艺到此结束。

二、錾胎珐琅

錾胎珐琅顾名思义,是用金属雕錾技法制胎的珐琅工艺。錾胎珐琅的具体工艺过程是:先在已制成的金属胎上,按照图案设计要求,运用金属雕錾技法,在纹样轮廓线以外的空白处,进行雕錾减地,在其下凹处点施珐琅釉料,经焙烧、磨光、镀金而成。

錾胎珐琅与掐丝珐琅表面效果相似,都有一种宝石镶嵌效果。两者之间的根本区别在于金属加工工艺方面,即图案的起线方法。掐丝珐琅是运用金属掐丝技法,以细而薄的金属丝或金属片焊在金属胎上,组成纹饰图案。仔细观察这两种珐琅器,便可以发现:錾胎珐琅器的纹饰线条粗犷,粗细可自由变化且无接头和焊痕。錾胎珐琅的特点主要体现在凹凸关系上,下凹的地方可用錾具雕刻、化学蚀刻或压印的方法做出。

如果用蚀刻的方法来做低凹部分,建议蚀刻的深度不要超过金属板厚度的一半。腐蚀好的工件在烧蓝前要经过彻底的清洗,然后铺上极薄的釉料。釉料要一层层往上烧,最精巧的首饰有时要烧25次。在烧最后一次之前,在工件上溜上一层上光釉,特别是要保持肌理效果的光面。全部完成的釉面一般略高于凸出金属。最后研磨平整。

三、锤胎珐琅

锤胎珐琅的制作方法是:按图案设计要求,在金属胎上,用金属锤碟加工技法锤碟出纹饰图案,然后点施珐琅釉料,经过烧制、磨光和镀金而成。

锤胎与錾胎两者最大区别在于纹饰图案的起线方法有所区别。錾胎珐琅器是于金属胎表面,以金属雕錾技法而起线;而锤胎珐琅器则是在金属胎背面用金属锤碟技法起线的。锤胎珐琅器大约(不晚于)始于18世纪初,实物依据是雍正年间(1723～1735年)制造的"锤胎珐琅八方盒"。

四、透明珐琅

透明珐琅也是珐琅工艺中的一种。其制作方法是:在金属胎上按图案设计要求,用金属錾刻技法对金属胎做加工处理,锤錾出浅浮雕(因此也可称"浅浮雕珐琅")再罩以透明或半透明性质的珐琅釉,经烧制后,因图案线条粗细或深浅不同,而造成一种视觉效果上的明暗、浓淡变化。

透明珐琅是在錾胎珐琅工艺衰落的时候开

始兴起并发展起来的。13世纪末期，透明珐琅制作工艺首先由意大利工匠发明，当时的透明珐琅基本为单色半透明的性质。到14世纪末，15世纪初，法国工匠制作了多彩透明珐琅器，使得这一珐琅工艺有了更大的发展。

我国的透明珐琅器始见于清雍正年间。而以清乾隆年间（1736～1795年）广州所制造的，俗称"广珐琅"的透明珐琅器最为著名。另外，属清代内务府的广储司中设有"银作"，也生产和制作"银发蓝"一类的器物。"银发蓝"是以银为胎，凿錾花纹后，深施半透明性质的珐琅釉，经烧制而成,常制成一些小件的首饰。"银发蓝"的表面效果与半透明珐琅相似，因此它也是透明珐琅器的一种。

五、画珐琅

画珐琅又称洋瓷。其制作方法是：先于红铜胎上涂施白色珐琅釉，入窑烧结后，使其表面平滑，然后以各种颜色的珐琅釉料绘饰图案，再经焙烧而成。

清朝蓝滨南在其《景德镇陶录》一书中，对画珐琅作了如下解释："西洋古里国造，始者著代莫考。亦以铜为器骨，甚薄，嵌瓷粉烧成，有五色缋彩可见，摧推之作铜声，世称洋瓷。泽雅鲜美实不及瓷器也。今广中多仿造。"

画珐琅是一种艺术性很高的传统工艺，其釉料经常是500目的细粉。釉料用薰衣草油在一块平板玻璃上搅拌均匀，用细狼毫毛笔把釉料画上工件，也可适当添一点松节油，以免干得太快。釉料在焙烧之前必须彻底干燥。焙烧图案的温度要比烧底釉时略低一点，不然的话底釉熔流的时候会吞没图案线条。

图案烧好后，上面要盖一层透明釉料。在工件上喷匀胶水，漏上釉粉，再焙烧。制作廉价的首饰可以不盖这最后的透明釉。在彻底抛光好的黄金、铂金首饰上也可以"画"上釉彩。色彩图案要在普通釉层完成以后才能进行。要用略低的温度，大约650℃焙烧。上光亮釉要晾24h,让薰衣草油挥发。焙烧的时候要把炉门打开几次，让烟和气体蒸发。

六、透光珐琅

透光珐琅又叫镂胎珐琅，因为胎体为镂空形式，两面通透，且用的釉料多为透明釉，在一定的光线下就像一个小型的花窗，金属丝就像花窗上的嵌条,故名透光珐琅。

透光珐琅图案用金属丝弯成，也可以用一定厚度的金属片镂出，掐好丝或镂好的工件放在一块平整的云母片或平滑的不锈钢板上，含磷的青铜板也可以使用，这样釉料就不会粘住下面的垫板。如果使用云母片，下面要垫上一块铁板，免得变形。

在丝中间填上釉料并烧结。每烧一次要添一定量的釉料，直到烧出足够的厚度。轻轻敲掉下面的垫片，工件的反面要进行打磨和抛光。

七、珐琅新工艺

以上六种为传统的珐琅工艺，近年来，珐琅工艺又得到了进一步发展。新工艺对于初学者来说更易掌握。

做珐琅新工艺之前，建议先做烧蓝的样品尤其是自己不熟悉的釉色，看看釉料焙烧之后会成什么颜色，样品釉料抹在长方形的小银板上或铜板上。把常用的釉色都做成色块样本透明色最好在银片或银箔上做，以便随时比较。还有,在做一件作品之前，最好预先做实验，以做到心中有数。

（一）金银箔工艺（图5-4）

金箔和银箔常用于珐琅装饰，金、银箔放在已烧好的底釉上面。裁剪金银箔的方法是：把设计好的图案描在一张硫酸纸上，再拿一张硫酸纸把箔夹在中间，按图案用极锋利的剪刀剪下纸和箔。

箔铺到釉料上之前，要用针扎一些小窟窿，以便釉料中的蒸汽逸出。在打底的珐琅上要刷或喷一薄层黄芪胶，用一把湿刷子蘸起箔料，放在设计的位置，用刷子刷平。胶干了之后，工件加热至790℃，或者恰好达到珐琅开始熔流的温度。如果箔在焙烧过程中起皱，要在珐琅熔化的时候拉平，然后用钢压压平。按上述的操作方法，可以把箔熔入珐琅中而且不起皱。箔上面一般都要覆盖透明釉料。用滴管漏或筛撒干粉上釉料是最简单和快捷的方法。对一些有造型的工件如耳饰、吊坠等，先喷上白芨胶或清水，彩色的釉料在胶未干之前撒上去。

注意：对于小的平面首饰，可以在干的底子上撒放釉料，不用喷湿。

（二）釉面"勾"线（图5-5）

（1）细线可以通过下述的方法"画"在带彩的底釉上，用笔蘸上薰衣草油在底釉上画上线条，用80目筛子把釉粉漏在线上，然后把工件翻过来，抖掉多余的釉料，线条就显露出来，再经焙烧固定下来。

（2）第二种线条的做法是，先烧一层彩色底釉，然后喷胶，撒上单色或多色的釉料，要保证均匀。再喷胶，之后用划线器或扦子在釉层上划出图案，用一支狼毫描笔扫掉图案上多余的釉粉，也可以把工件翻过来,搪掉刮下的釉粉，把工件回炉烧结，但要非常小心，釉粉一熔马上撤出，这样就能保持划出的线条不变形。

（三）氧化膜工艺（锈绘工艺）

稍加留意就可发现，焙烧后的釉料与铜板之间的边缘往往会有一圈氧化膜，这些氧化膜

图5-4　金银箔工艺

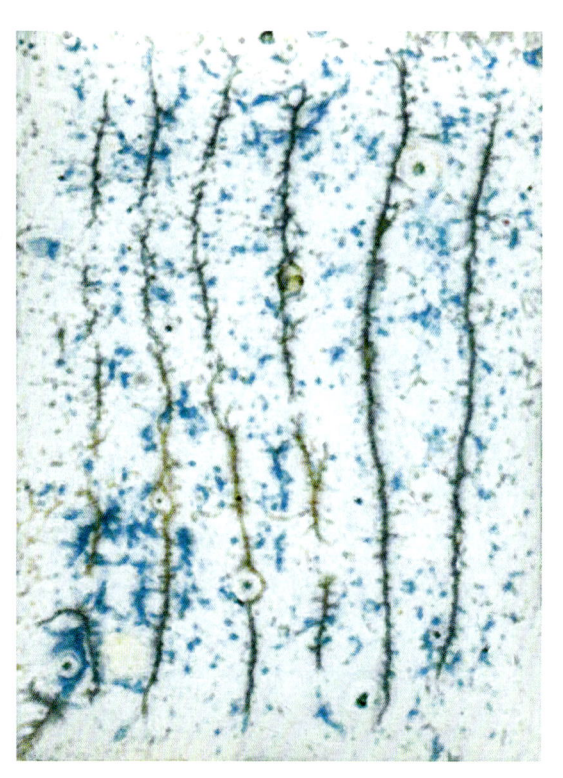

图5-5　线条工艺

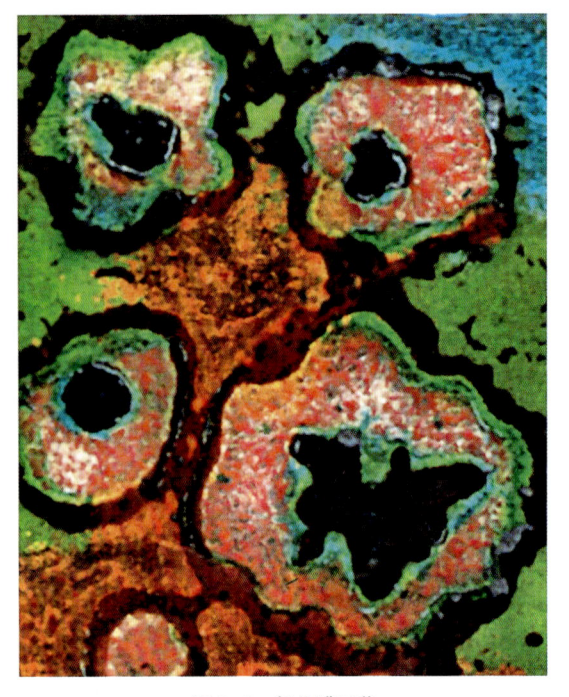

图 5-6　氧化膜工艺

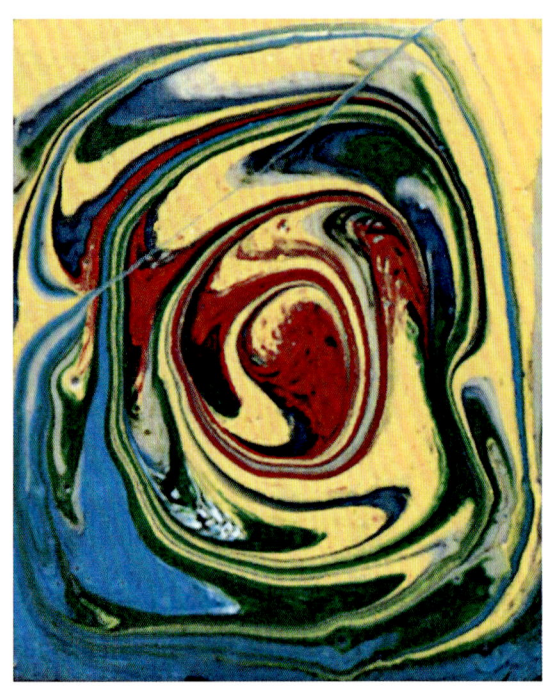

图 5-7　钩绘工艺

极具装饰性，这些氧化膜用在透明釉上面效果最佳（图 5-6）。

用透明（白）釉料在铜胎上画出图案或用空出的铜板地色表示图案，干燥后第一次烧800～850℃，5～7min，短时间简单酸洗，保留一些因烧制中产生的黑锈。然后在透明色以外的地方薄而均匀地铺一层其他透明色。干燥后第二次烧 750～800℃，5min 即成。

（四）钩绘工艺（图 5-7）

钩绘工艺相对有较高的技术要求，其技术要领为：釉料完全熔融，具有一定的流动性后，用钢钩绘。在画图案之前最好把钢钩烧一下，提高温度才能流畅。

铺釉色的方向应该与钩绘的方向垂直。选用完全不同的数种釉色铺在铜板上。干燥后烧800～850℃，釉色完全烧红，然后用钢钩描绘图案。

珐琅工艺多用粉末状釉料，特殊情况下可用球状、块状、丝状等特殊形状，这就需要我们自己动手加工。在进行块状镶嵌之前，先做好釉块，在含磷的黄铜板上铺较厚的釉色，选需要的数种经750℃，3min烧成，釉料变冷后自然剥落。根据需要大小，用铁锤和镊子敲碎、分割备用。

（五）块状釉镶嵌工艺（图 5-8）

选择色彩明快的1～2种釉色铺在铜板上，经750℃,3min烧成。根据设计，把具有特殊形状的釉块铺在上面。750～800℃，烧5min左右，表面流平即可，注意：如烧时间太长，釉块会熔流变形。

（六）乱釉（发泡）工艺（图 5-9）

有没有气泡一直是评判一件珐琅制品品质优劣的标准之一，而乱釉（发泡）工艺是刻意利

第五章 珐琅工艺

烧成，这时整个釉面全是气泡，用扞子把未破的气泡打破，在气泡内填入相应颜色釉料，800℃，烧10～12min即可。因为填上釉料之

图 5-9 乱釉（发泡）工艺

图 5-8 块状釉镶嵌工艺

用气泡来达到一定的工艺效果。具体操作如下：在准备好的釉料中加少许异物（如砂、土等）搅拌均匀，在工件上平铺一层。750℃，3min

图 5-10 残釉工艺

后，下面继续生成气泡，冲击上面的釉料，形成缤纷繁复的效果。随着焙烧时间的加长，气泡慢慢消退，这种效果被固定下来。

（七）残釉工艺（图5-10）

用1~2种釉色画出图案，750℃烧成。或者利用平时烧得不成功的工件，在下面垫纸把表面釉打碎，使背面保持完好。在表面缺损的地方填入透明色，经750~800℃烧5min即可。烧成之后，工件表面形成斑驳的色彩效果。这种操作有一定的偶然性，但经常会有意想不到的收获。

■思考与练习

1. 什么是珐琅？
2. 烧制珐琅有哪些注意事项？
3. 珐琅有哪些种类？

第六章　首饰铸造工艺

铸造工艺在首饰制作中占有重要地位。由于其工艺的特殊性，构成了独特的艺术效果和批量生产的可能性。首饰的设计与制作就是要利用铸造工艺的优势，追求金属熔铸中丰富的、特殊的艺术效果。铸造材料的范围也很大，不同的金属或合金能铸造出不同质感、不同量感的丰富多彩的现代首饰。

首饰设计师或艺术家掌握了与首饰有关的多种铸造技术，就能利用铸造工艺的特殊性，尝试新的造型手段与装饰手法，并在设计时把握工艺制作的可行性和金属材料在铸造工艺中的可塑性，使整个设计构思能尽善尽美地得到表达。而在制作时又能发现和利用一些特殊的工艺效果和及时把握一些偶然性效果，加强形式美感，强化构思、材料、工艺三位一体的整体设计意识。

第一节　首饰铸造工艺概况

一、铸造的分类

铸造主要分为砂型铸造与特种铸造两大类。在造型材料、造型方法、金属液的充型形式和金属在型中的凝固条件等方面与普通砂型铸造有显著差别的铸造方法，统称为特种铸造。

特种铸造中，在熔模铸造和在熔模铸造基础上发展起来的离心铸造、真空吸铸在首饰制造业中都已得到大规模应用。随着科学技术的发展，又有一些新的铸造技术被应用到实际生产中，如：电铸工艺是一种与以往所有的铸造工艺完全不同的工艺技术，首先它的充型形式打破了以往的熔炼金属倒模的方式，而采用电镀成型的方式来复制设计对象，从而避免了熔炼金属倒模带来的热应力导致的诸多缺陷，因此在首饰生产中被广泛应用。

二、铸造工艺的意义

铸造对于首饰行业来说，具有非常重要的意义。首先，铸造是一种工艺手段，它与其他金属工艺如雕金、锻金、珐琅等一样，具有自身独有的工艺特性和艺术效果。细分起来铸造工艺还由于所用辅助材料的区别，还各有不同的工艺特色，如陶范铸造能做出浑厚凝重的雕塑；成本低廉而又拙中见巧的砂形铸造，可用于一些即兴的工艺品；失蜡法铸造的主要特点却是细致精巧，最适于精细首饰制作。另外，失蜡法最重要的一点是，我们可以利用蜡的媒介转换和可塑性强的特点，做出许多直接对金属加工所做不出来的效果，具有极强的表现力。

首饰可以通过多种铸造工艺快速、准确地进行复制。在具体应用中可以根据自己作品特点选择不同的铸造方法，以取得不同的艺术效果。

另外，精密铸造机械的出现，使得首饰的大批量生产成为可能，可以节省原材料和时间，提高劳动效率并降低劳动成本，这就大大提高了生产效益，这也是首饰铸造的最大意义所在。

第二节　铸造形体设计的可能性及造型规律

一、与铸造有密切关系的因素

（1）熔模蜡料的配制对造型和所铸形体的质量有很大影响；

（2）铸造用的金属在液化状态时的流动性很重要；

（3）铸造型腔的设计对铸造的成败有关键作用；

（4）铸造者的经验（如对铸造技术、机械与工艺的把握）对铸造效果也至关重要。

也就是说蜡料的品质性能直接关系到铸造型腔的质量。型腔的品质与型腔造型的合理性（主要指造型空间的各个部分的分配以及浇铸系统的通畅性能与补缩性能是否合理）以及金属的流动性直接关系到铸件的质量。

铸件的设计，确实受多种因素的制约。从辩证的角度来看，也正是多种工艺、材料及其他的制约因素，才导致铸造工艺没有100%的成品率，并存在一定的偶然性。所以，对偶然效果的把握和发挥也是铸造设计的一部分。

要搞好铸件设计，就必须研究其中的各种制约因素，这样才能保证铸造成品率尽可能的高，并随机把握铸造效果。

二、熔模铸造的关键

（一）熔模材料

铸造对于熔模材料的要求非常严格，涉及多学科、多行业的知识，内容较为复杂。常见的熔模材料主要有蜡基模料和树脂基模料。蜡基模料首饰材料商店有售。

（二）型腔设计

铸件的品质，一是取决于模料配制的合理性，二是型腔设计的合理性。所谓型腔，就是蜡模被能耐高温的石膏包裹住以后，加热熔失后所形成的空间（包裹型腔的石膏外壳叫型壳）。所以型腔的合理与否，取决于蜡模的设计。

（三）蜡模

蜡模的来源主要有两条途径：一是手工雕刻蜡模，二是采取机器压注的方法（即用注蜡机把蜡液注入已做好的胶模，然后打开取出）成批生产的蜡模。无论采取哪种形式制作蜡模，它的造型都要符合铸造工艺对铸件结构的要求。为使铸件不易形成缺陷，对熔模铸件的结构应有以下要求：

（1）铸件上铸孔的直径不要太小或太深；

（2）熔模上铸槽的宽度不能过小；

（3）铸件的内腔和孔应尽可能平直；

（4）熔模型壳在高温时强度较低，而平板型的型壳更易变形，故熔模铸件上应尽可能避免有较大平面，在必要时，可将大平面设计成曲面或阶梯形的平面，或在大平面上设工艺孔，使组成平面的两片型壳连接起来，增大强度，也可在平面上加工艺肋，以增大型壳的刚度（图6-1）；

（5）为防止浇铸不足的缺陷，铸件壁厚不要太薄；

（6）在保证体积感的前提下，尽量减轻铸件

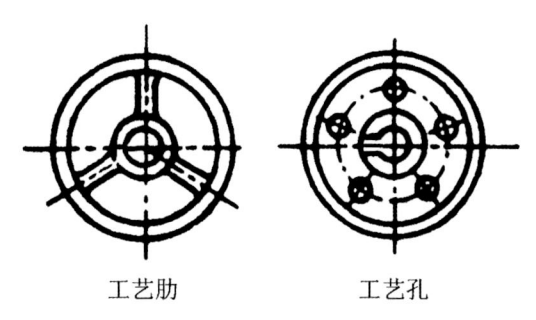

图 6-1 平板型铸件的工艺要求

的重量，铸件个体越大，收缩量就越大，砂眼、缺蚀就越多。减轻铸件的重量而不缩小铸件体块的办法是：在铸件的背面或不显眼的地方削减一定的体积。

（7）铸件各部分体积不要悬殊太大，以免铸件各部位之间通道不畅或补缩不利造成铸件砂眼和缺损。

（四）浇冒系统

一件好的铸造作品，除了对铸件本身有以上工艺要求之外，还必须有合理的浇冒系统设计，才能完全达到铸造工艺的要求。铸造时浇冒系统既是液态金属的通道，又常常起到补缩作用，所以既要保持浇冒系统通畅，又要使铸件与浇冒系统在实际体量上有一个合适的比例。

首饰铸造的浇冒系统其实非常简单，其外形像一棵树，这棵"树"的根部是浇口（也是冒口），"树干"是主浇道，"树枝"是"水口"（次浇道），"果实"是铸件（首饰）。

（五）型壳的制造（外模）

用来制作首饰的熔模铸造工艺，其型壳多用特制石膏铸粉。石膏粉的作用是复制和固定蜡模，等失蜡后高温浇铸。石膏模不变形，能完整无缺地用金属把蜡模复制出来。称好所需的石膏粉，水的配比要适当，把粉浆搅拌好，将浆液倒入放置蜡模的铸筒内,倒满为止（石膏与水的配比见后续章节）。

型壳完全硬化后，需从型壳中熔去模组，因模组常用蜡基模料制成，所以也把此工序称为脱蜡，又叫失蜡。脱蜡的方法有多种，普遍使用的是热水法、高压蒸汽法及电炉烘烤法。

脱模后的型壳要直接送入炉内焙烧，焙烧时逐步增加炉温。根据铸造金属的不同，将型壳加热至一定温度，等待浇铸。型壳焙烧的目的主要有两个：一是提高型壳强度，二是使型壳温度与熔金的温度接近，浇注时不会因为金属降温过快造成砂眼和缺蚀。

到此为止，一个需待浇注的型壳已经完备了。但是，要铸造出一件符合要求的首饰，配料比例、熔金温度与浇铸温度还会起关键作用，这些在后面首饰铸造工艺部分讲述。

第三节　熔模铸造工艺

熔模铸造工艺主要分为三个阶段：蜡模阶段—型腔阶段—熔金浇铸阶段。

一、蜡模阶段

因为个性制作与批量生产的不同，所以取得蜡模的方式与手段也不同。批量生产一般都先做出金属板，然后通过胶模翻制成完全相同的蜡型；个性制作（艺术家或个体首饰匠）通常都手工雕刻蜡模，用于浇铸单件的首饰（或把蜡模复制成胶模，也可形成批量制作）。批量生产用机器压注蜡模，虽然前期工作比较复杂，但取得蜡模的速度非常快，是批量生产首饰的前提。

在首饰生产中手制银版与雕蜡起版是取得铸造母版的主要手段，下面分别介绍。

（一）手工雕刻蜡版

用蜡雕刻原始版型比较方便。对于金工技术掌握不够熟练的首饰设计师来说，蜡为他们提供了更多的创作余地，用蜡做模可以修补，不怕犯错误，如果直接用贵金属制作，纠正错误会增加费用。此外，有些特别的肌理和造型只能用蜡才能实现，直接用金属则永远做不出来。

手制银版往往受到材料与工艺的局限，而雕蜡起版相对比较灵活。铸造用蜡是根据工艺和设计需要，利用多种材料复配而成，一般首饰材料商店有售。这种现成的蜡有不同的颜色，不同的硬度和不同的造型，通常不同的颜色代表蜡的不同特性。现成的蜡有成片状的，圆棍状的（包括各种直径）和其他形状的（图6-2）。

有些蜡很软，能弯曲，可塑性强，易于操作。有些具有一定的硬度和韧性，适合雕刻，还可以用锉、钻、锯等不同的加工方法，也可用装在吊钻上的磨头和雕刻刀塑型。根据设计方案可以像雕刻一件小型的雕塑作品一样，雕出各种写实的造型。

很多的蜡型都可以用很便宜的工具完成，像弹簧刀、锉刀、锯条、扦子或针，有人喜欢用牙医工具或木刻刀。

无色透明蜡可以把纸样拓上去，做成蜡版；管状的蜡可以很快做成戒指；有些蜡很容易碾薄；有些很容易融合在一起；又有一些可以编织；有些蜡熔点很低，可以作为一种基质，塑造中空的蜡型，又能在热水中熔化。

在制作蜡模的过程中，可以将几个不同的蜡质构件熔接在一起，或者是逐次把蜡层堆积起来形成蜡模，堆砌的手段主要通过加热雕蜡刀等工具把蜡质添上去。蜡首先熔化并粘在蜡刀上（牙医用的雕蜡刀最适宜），然后用心操作，把蜡堆积起来，形成特别的造型，最后用于铸造。

在一个蜡型上，有时会交替运用两种手法，往上堆，也往下刻。特别是在雕刻镶口的时候，爪镶和包镶镶口都是和蜡型雕成一体的，这样比在金属上焊成一体要容易很多。

如果有宝石作支撑，镶口的框架和造型的制作就很容易完成。建议把宝石安放到蜡型上比试之前，在石面上抹上凡士林或润滑油，这样

图6-2 铸造用蜡

就很容易把宝石从蜡型上取下。用蜡雕成的包镶镶口不宜刻得太厚,过厚很难镶嵌。爪镶口可以用蜡线按宝石的大小盘上去,操作可用电热雕蜡刀或手术刀。

各种肌理效果可以用加热的针、刮刀雕刻而成,也可以用细钢丝刷在蜡上刷出粗糙的肌理,还可以把蜡加热成液态,用喷雾器在蜡型上喷出颗粒或亚光效果。光滑的表面则是通过把蜡快速地在火焰上燎一下获得的。

失蜡铸造工艺还可以通过直接翻模的方法复制一些自然形态的东西,如一片树叶、一个果实、一只昆虫,甚至人的指纹、皮肤等等,我们从中可以体会到铸造首饰设计的趣味性。

铸造用蜡除了可以进行多种形式的雕刻和翻制自然物以外,还可以利用蜡随温度变化而产生的不同形态的变化来塑造某些自由的造型。蜡达到一定的温度可以变软(这个温度叫软化点),温度继续升高,蜡就熔化为液态。蜡变软时可以对它进行捏、搓、拉长等工艺处理。把蜡用手捏薄,可以做成如花瓣的造型。

蜡经过反复拉伸可以做成带有长丝叶脉的叶片造型。也可以利用蜡熔化时的性能进行造型处理,做出像流动的水纹或正在滴落的水滴一样的效果。还可以用加热滴蜡枪挤出规则或不规则的线条来制作出许多自由多变的造型(图6-3)。

利用蜡的形态变化规律设计制作现代首饰,可以使冰冷坚硬的金属变得柔美如水,或变

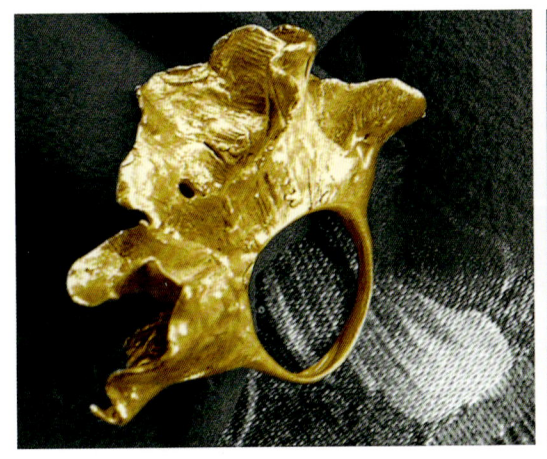

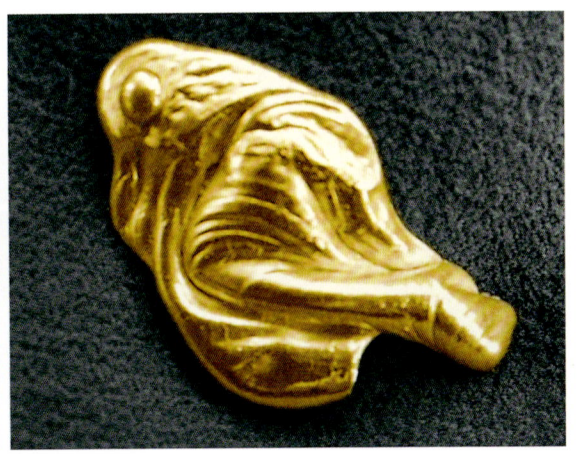

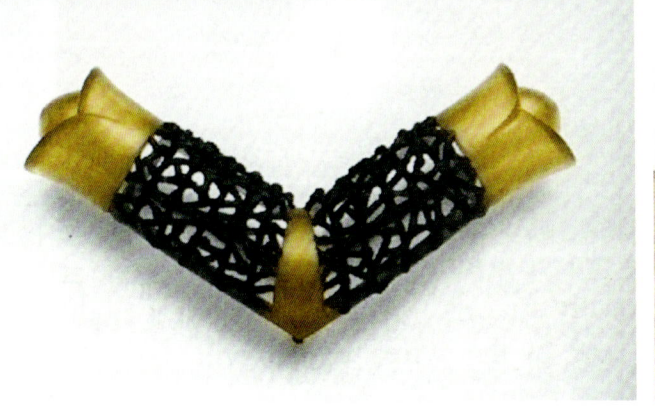

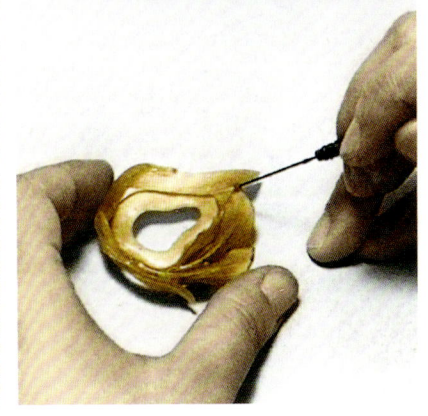

图6-3 蜡的各种造型表现

成如织物一般柔软的感觉。这是其他工艺永远都做不出来的。

通常借助一条带号的戒指棒来制作戒指蜡型。做手镯蜡型的镯筒和做项圈模型的人台通常是用铜皮或铝皮制成。镯筒和人台用前要先抹上油，这样蜡版做好后容易取下。

制作蜡版的时候，要注意重量和尺寸。如果蜡型用于铸造925银首饰，成品将是蜡型的10倍重，如果铸18K金首饰，成品比蜡型重15倍。如果想让首饰铸出来轻些，可以通过挖去首饰背后的蜡来减少金属重量。因此，蜡型不宜过重和过大，越重铸件的成本就越高。

在制作蜡模的时候，根据设计可以直接翻模，然后再结合雕刻、蜡的软化或熔融状态的性能做出很多意想不到的效果。这种手工制作的蜡模既可以用于一次性浇铸，也可以以此为版复制成胶模，然后再用机器压注蜡模进行批量生产。

蜡模做完以后，在合适的地方做上水口棒。水口棒的主要作用是保证蜡液失出和浇铸时液体金属流通顺畅，是模浇道系统的最后一个分支。因为这些通道的重要性，所以位置的安排就要很小心，以避免铸件出现缺陷。水口棒要与铸件最厚的并很少有装饰细节的位置相连。此外，水口棒要尽可能的短，以免在铸造过程中过快冷却。浇铸口留得粗些可以避免过早凝固，这一点很重要。因为一般来说，凝固最早出现在末端，向水口的根部逐渐发展。另外较粗的浇口，还会在金属收缩时，提供一定的余量，将收缩率及砂眼发生率降到最低。浇口要做得笔直，以利于金属熔液快速流入型腔。

浇铸较复杂的造型，有时要做分叉的浇口，特别是粗细变化很多的设计。确认水口与蜡型牢固连接。接合的地方要围得粗些，以便金属熔液流动顺畅。

（二）批量化的机器制版

首饰的批量生产，一般采取手制银版、压模注蜡的方式。批量首饰铸造对母版的要求很高，所以手制银版就显得非常重要。制版过程中，锻金工艺、雕錾工艺、焊接工艺被广泛应用，同时还要运用许多机械辅助手工制作，如：压延机、雕刻机、冲床、钻床、车床等等，如果要表现一些自由的、上述工艺和设备都做不出来的局部造型，可以结合翻模和手雕蜡版的方式做出来。

注意：因为从银版到成品要经过两次"缩水"，即注蜡和浇铸都经过由液体到固体，由高温到低温的收缩过程，所以，银版比成品略大一点，比如，戒指的银版比实际成品大半号（如12号圈的银版通常要做成12 1/2号）。

银版做完之后，根据设计要求把版面处理到位，有砂眼必须修补，不能有锉痕或焊点，该抛光的要抛光。银版处理好之后，应该确认银版的重量是否符合要求，如果需要增加或削减，可以采用电镀法或电剥离法处理，达到要求后，在适当位置焊上水口棒。水口棒的粗细，可按银版的大小而定。

银版复制出的胶模型腔用于大量灌制蜡模，因为橡胶模有弹性并且易弯曲，因此蜡模很容易从型腔中取出，也不易破碎或损坏。

首饰材料行出售的制模橡胶又称生胶，厚3.2mm，呈条状，一面有一层塑料膜作为保护(图6-4)。生胶要保持绝对的洁净，任何的污物、油渍或粉尘都会使生胶在硫化后熔流不畅或互相不粘结。生胶可以用柴油或汽油清洗。

第六章 首饰铸造工艺

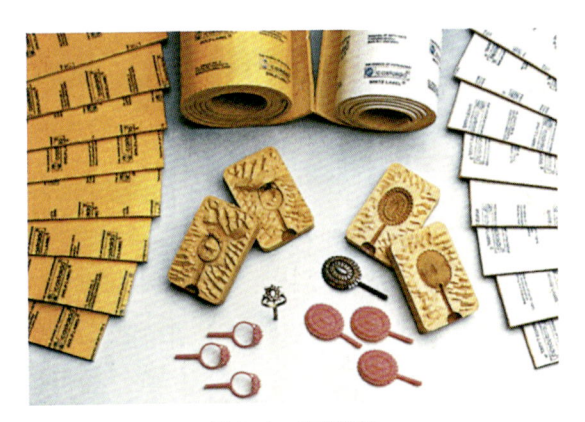

图6-4 制模橡胶

图6-5 压模铝框

图6-6 硫化机

（三）压模

根据银版的大小、高度来选择所需规格的铝合金框（图6-5），按铝框的内径裁剪生胶片。胶片的布衬可以放在模框的顶面和底面，夹在中间的要撕去表面的蓝色塑料膜，部分剪成碎条、细粒状，将银版和模框与银版之间的所有缝隙塞满。

为了注蜡时的方便，要在水口端头加上水口夹。另外，要保持胶片的高度比铝框高出2~3mm即可。

将铝框中的生胶放进硫化机（图6-6）里按紧、压实，温度控制在152℃左右，时间视每部硫化机的性能和胶模的厚薄而定。一般情况下，每片3.2mm厚的生胶片在152℃温度时硫化时间需要7.5min。确认生胶模完全熟透后，便可停止加热，取出胶模。

（四）开模

对于批量失蜡铸造来说，开胶模是最重要的一环。开模取出金属版之后，橡胶模内就留下一个与版型完全相应的型腔，开模的技术至关重要，要保证胶模能准确定位，复制出完整的蜡版，并在取出的时候不弄坏蜡版。

从图6-7上还能看到胶模被切成两部分的情况。要先从"水口"的部位和戒面的部位切入，向中间进刀，到达戒圈最细的位置，最后将两半完全分开，小心地把金属版型取出。

开模方法有两种，一种靠四角定位，另一种靠自身波状起伏定位。以下以四角定位式为例介绍：先用锋利的手术刀沿胶模侧面中线下刀，切出四个定位栓（图6-7）。切割造型极复杂的胶模的时候，要把橡胶拽着，才能切到那些很难进刀的地方。由于注蜡时有极大气压，中心

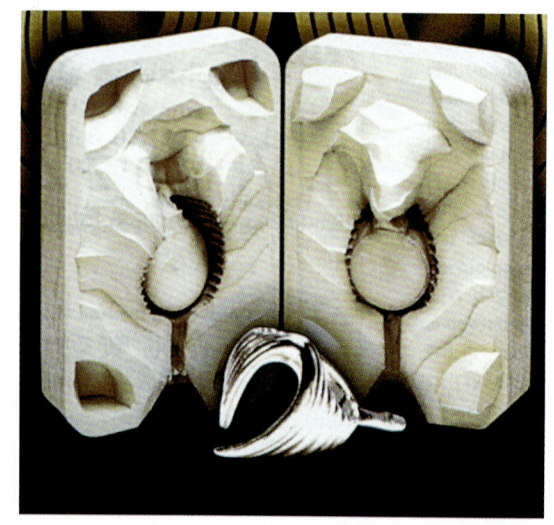

图6-7 开模

部位留出空隙，以便在注蜡时型腔里的空气有逃逸的地方，否则，会影响蜡液流通。

注意：非常复杂的首饰其橡胶型腔内核部分是可以取出的（活动的），或者其他部分是可分离的，这样才能保证做出的蜡型是完整的。开胶模是一种比较复杂、难度较大的技术，需要多请教有经验的师傅，多加实践。

（五）注蜡模

成批生产蜡模要用真空注蜡机。注蜡时，注蜡机中蜡液的温度和气压的高低关系到蜡模的质量。蜡温一般保持在70～75℃或蜡刚好熔化的温度，这样能最大程度地减少收缩率。假如蜡温偏高，会产生气泡，容易从胶模缝中流出，蜡模的收缩量也偏大，蜡温太低蜡液流动性降低常常会出现蜡模残缺不全的现象。气压应根据胶模里的蜡模体积大小和线条粗细而定，气压太小，蜡液流动不畅，气压太大，会产生很多夹层、披锋。注蜡时首先在胶模内腔喷上脱模剂或涂上滑石粉，使注蜡时蜡液顺畅，取蜡时容易脱离。滑石粉尽量少用，否则蜡型上的细微部分会被覆盖。一般来说，掸一次滑石粉可以出三四个蜡型。要尽量把胶模弯曲，把型腔内的所有部位都粘上滑石粉。注蜡时要将胶模夹在两块铝板之间，压紧，然后把"水口"对准注蜡口，挤住，蜡液就注入了型腔。手拿胶模时，前后左右的力度要均匀。蜡凝固后，把胶模打开，打开模心取蜡时，用力要轻，防止细线条折断或整体变形。取蜡时不能即注即取，蜡液太热模身太软容易变形。

如果有夹层、披锋、气泡或严重变形，可重新注蜡。如果是轻微变形可放在温水中矫正，少量的披锋、夹层可用手术刀去除。

蜡模修整好以后，就要上"蜡树"，即为取得型壳而建立的"模组"，一般都采取由上至下的方式，蜡模按大中小分类，在同一棵"树"中，整体细小的可植在"树"上方，偏粗的可植在"树"下方，这样成功率高一些。"植树"要求蜡芯与蜡模保持45°角左右，以确保金属液体流畅。

至此蜡模阶段已全部完成，铸造进行到第二阶段。

二、型腔阶段

在制作型壳前必须称好蜡树的重量，以便计算好蜡树所需要的金属原料重量。

称好重量后，把蜡树装放在铸筒内。石膏的作用是制造出一个耐热的型腔，并且精密地复制出金属铸件。理想的石膏材料应能承受注入液体金属的热量而不会爆裂，此外，石膏还应有渗透性，以便注入金属时，型腔内的空气逃逸。铸造用耐火石膏市场上有售。称好所需的石膏粉，水的配比要适当，基本上是1000g石膏粉配380～400mL水。注意，水多太稀容易爆裂，水太少则表面粗糙。粉浆搅拌动作一定要快，因为石膏粉和水溶合后不能超过8～10min,时间太长就会凝结。把粉浆搅拌至均匀的稀糊状，水的温度最好为室温21℃。

如果用于铸造非常细腻和复杂的铸件，石膏中要略多水分（多2%水分），这样较稀的石膏浆就能更容易地流入型腔内复杂的缝隙。而铸造粗犷的首饰，则要少加点水（2%），让石膏的流动略慢一些，效果会更好。

注意：蜡模与铸筒壁的距离至少10mm，与顶部的距离至少20mm，这样才能避免石膏型腔破碎。

搅拌均匀后，为使蜡模表面不附着气泡，倒浆前后都要用抽真空机将石膏里的气体完全抽走。将石膏浆沿筒壁倒进铸筒内，没过蜡模20mm以上。倒浆的时候要十分小心，别把蜡模弄断。抽真空机能彻底抽掉浆里的气体，保证石膏浆流入蜡型的所有缝隙。在这个过程中，时间一般控制在1～2min。抽真空时间太长，超过铸粉凝固时间，容易爆裂；时间太短，有气泡存在，铸完的成品表面就会出现金属珠粒。关闭抽真空机后要等到粉浆彻底凝固后，才能移动铸筒，这样一个完整的型壳就制成了。

接下来就是熔失蜡模，以取得型腔。具体过程是：通过低温加热将石膏里的蜡模全部失出，不留任何残灰，确保金属液体完整填充失蜡后的蜡树空腔。

失蜡完毕，要焙烧石膏型壳，其目的是烧熟石膏模，让其能承受金属熔液的高热冲击。焙烧石膏模的时间一般在6～12h不等，这主要与石膏模筒的大小，石膏浆的品质类型有关。如果是Ø100mm×200mm这种较大的石膏模筒，一般先将电炉预热到200℃，装入石膏模筒，恒温2h，温度升到320℃，恒温2h然后再升温到480℃，又恒温2h，此后把温度升高到700℃，恒温4h，最后将温度调回到500～600℃，保持2h就可以浇铸了。

降低温度并保持在适宜进行铸造的温度，目的是令熔融的金属顺利注入型腔，到达最细微的地方，又能正常凝固。因此，石膏模的温度变化是非常讲究的，一般来说铸K白金，铸筒540~590℃，18K金480~540℃，银450℃，青铜480℃。

切记，炉温偏高，会导致严重的砂眼，而炉温太低会使局部浇铸不成形。

铸筒可以留在焙烧炉里若干小时，保持铸造要求的温度。在金属熔液没有准备好之前，铸筒不要从炉里取出，因为石膏在冷却的过程中会收缩和龟裂，影响铸造效果。此外，金属熔液在较低温的型腔中很快就冷却凝固，不能到达细小的缝隙。至此，一个等待浇铸的型腔彻底完成，接下来就进入铸造的下一阶段。

三、熔金浇铸阶段

熔融金属以前，一般要把金属配成符合佩带性能和适合铸造性能的合金。其主要目的是：

（1）增强合金浇铸时的流动性，避免浇不足的缺陷。

（2）提高首饰成品的硬度，耐磨且不易变形，造型挺拔，便于镶嵌。

（3）打磨抛光后光亮度好，金属感强。

如果用银浇铸，一般使用标准银，在纯银里加入铜和锌，后者能增强其流动性，又能使铸出的成品硬度提高。

所称好的蜡树的净重乘以15.8就是所需要18K金的重量。如果用925银浇铸，蜡树的净重乘以10就是所需要银的重量。

熔金温度要把握好，温度不够会使金属熔化不均，使铸造出的半成品有缺蚀、断裂现象，温度太高就会使金属里的铜锌等元素氧化、挥发，并产生大量砂眼，所以熔金过程必须恰到好处。

根据液体金属充型方式的不同，当前浇铸机器主要有两种：高频离心机和真空铸造机。以真空铸造机为例：抽真空机能帮助液体金属充型到位。液体金属注入型腔后，抽真空机不能马上关闭，冷却数分钟后，液体金属凝固，才能关闭抽真空机。

视铸筒大小，15～20min后，便可投入水中炸洗，炸水的时间不能太早，因金属没真正冷却会出现脆硬和断裂。太迟炸水会导致石膏脱离困难。金属半成品的颜色发黑，可用氢氟酸浸泡，以消除残留的石膏和表面氧化物。

浇铸完成以后，首饰还仅仅是半成品，把它从"树"上剪下，还要经过执模、炸色、抛光等多道工序，如果是镶嵌宝石的款式，还要经过镶石工序，才能成为首饰成品。

四、墨鱼骨铸造技术

在这里介绍给大家一种易于掌握和操作、风格粗犷的铸造工艺，它可以帮你即兴做一些自己喜欢的首饰和小工艺品，或做简单的复制，这就是墨鱼骨铸造技术（图6-8）。

在离心铸造和真空铸造出现之前，墨鱼骨铸造最为常见。时至今日，这种铸造技术仍有一定的实用价值，因为它可以快速翻铸一些精密度要求不十分高的、浅浮雕的工件。对用墨鱼骨铸出的工件可以进行雕刻处理或作为一件复杂首饰的零部件。有时可以利用它做一些随意的风格粗犷的首饰创作。

墨鱼骨的外壳是硬的，中间较软。墨鱼骨之所以被用做铸模是因为它能保持一个稳定的型腔，同时能抵御高温。买墨鱼骨的时候尽量挑大的。

墨鱼骨铸造用的原版可以是金属的、硬蜡的、或其他硬质雕刻。以硬蜡雕刻的造型最适合做墨鱼骨铸造的原版。硬蜡可以采用锉、钻、锯等加工工艺，还可以做出锐角的造型并在墨鱼骨型腔中反映出来。

铸造原版不能是高浮雕，并保证能将它的一半压入墨鱼骨中，取走原版之后，形成一个绝对吻合的型腔。

如果铸造一个戒指，需要两半墨鱼骨，鱼骨要有一定厚度，模型压入有一定的量，取出原版之后的空腔壁厚最好能达到14mm。

当两块墨鱼骨选好后，用锯截掉两头，留出中间呈长方形状。戒指到两边的距离为14mm，到上下的距离在20mm左右为宜。锯完之后用锉锉平或用砂纸将它们打平，然后在外立面上用锉锉出对角凹线，确保模型移走后，两半能在原来的位置对上。

两半合拢的时候要严丝合缝，不然浇铸的时候金属熔液会从缝里溢出。用力把戒指的一半压入半边鱼骨，再把另一半鱼骨按向戒指，直至两半完全吻合为止。注意保持两半边缘的整齐。用力按的时候一定要注意把鱼骨放在掌心里，让各部分受力均匀。如果手掌的力量不够，可以把手放在两膝之间，用膝盖的力量把它们按到一起。松开后，慢慢把原版取出。

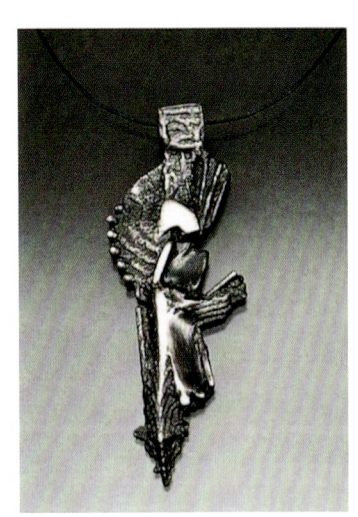

图 6-8 墨鱼骨铸造

在取出原版后的型腔里,撒上一层薄薄的石墨粉,把原版放回再按一下,这样石墨粉就整齐光滑地粘在了型腔的壁上,原版的细部能完全地表现出来。

牙签、大头针、火柴棍等可以做成定位栓。把栓钉插入墨鱼骨的四角,这样当两半鱼骨打开再合上的时候,就能找准位置。

在鱼骨上刻一个上宽下窄的浇口,它与戒指型腔没有任何装饰细节的地方相连,连结的位置要豁成喇叭状,要在墨鱼骨内平面朝斜上方刻几条凹线,以利于浇铸时空气逸出。

把两半墨鱼骨根据当初刻下的定位线合在一起,用铁丝绑紧。倒料的时候,浇口向上,用钳子夹住或埋在砂池里,用焊炬把坩埚中的金属熔化,倒的时候焊炬要跟着坩埚移动,保持金属熔液流动,金属倒至填满浇口,浇口上的金属固化后,就可以打开墨鱼骨。工件在打磨整理之前要进行酸洗。

注意:可以通过改变型腔的深度和宽度加粗和加厚铸件,如果想把铸件变薄,在把模型压入鱼骨的时候就要轻一些和浅一些。如果想让铸件变小,可以把铸件打磨好以后,以此为版,再次铸造,你会发现这次铸出的铸件比原版已经小了一号。这就是"缩水"的原理。

墨鱼骨型腔只能使用一次。因为浇铸时的高温已经对它造成很大的损坏。

五、电铸

下面介绍一种与以往的铸造工艺完全不同的特殊的"铸造"技术,它就是运用电镀的原理在非金属模型上完成金属充型的电铸工艺。

用电镀的方法把很厚的镀层镀到不导电的

物质（如蜡和弹性聚苯乙烯）上的工艺叫电铸。运用这种技术，我们可以做出貌似笨重、庞大实际上却非常轻的造型，也可以做出其他（熔炼金属浇铸充型的）铸造工艺做不出来的大而平的工件。

（一）造型材料

电铸的造型材料可以用蜡、弹性聚苯乙烯、合成树脂或其他的轻质材料。当用电铸制作可佩戴的首饰时，尺寸大小和最终的重量是首要注意的问题。

蜡、弹性聚苯乙烯、合成树脂或其他的轻质材料都是不导电的材料，要使它们具有导电性，只要把黄铜粉或液态银喷到或刷到这些材料的表面上，它们就具有了导电性。最经济实用的方法是用刷子刷上去。

吸水性材料像羊毛、皮革等用于电铸的话，要先在它们外表涂上清漆、树脂或热蜡等，免得吸入化学原料而导致变形，我们通过试验就能掌握涂多少漆才能挡住那些化学溶液。

（二）导电涂层

银质涂层（银是最好的导电体）最适用，只要用毛笔涂上薄薄一层就足够了。这种银质溶液市场上有售，很容易涂上去，干燥5min之后就可以放入镀池中进行电铸。

阴极导线在涂上银质涂层之前就要绑牢在模型（工件）上，这样就保证电流能通过银质涂层。方形的丝比较好用，有时把阴极的末端做成叉状，把工件叉住放入镀池中，浮力太强的工件要绑上坠子。当然，阴极也可以后绑在涂好导电层的工件上。

导电质可以用黄铜或青铜粉（不能有油渍）与漆搅匀制成。例：用10g稀漆，10g清漆与10g极细黄铜或青铜粉均匀搅拌而成，把它刷在要电铸的工件上。兑好的涂料马上就要用，因为漆很快就干，而且黄铜粉很容易氧化，失去导电性。漆的加入量要合适，只要铜粉能粘在工件表面就足够了。漆干后看上去有金属光泽，如果呈现油漆光泽，说明漆成分太多，导电性差，在这种情况下要多加稀料，然后再涂上去。第二层涂层要在第一层一干时就涂上去。

（三）电铸工艺流程

电铸其实与普通电镀是一回事，电镀厚度所需时间在前章已有描述。

根据观察和实际的情况计算出所需的电压和电流密度。较低的电流密度加上缓慢的摇动，镀出的表面比较细腻。如果想在工件的周边出现颗粒状的金属凸起，应提高电压，加大电流密度。

在覆盖了银导电涂层的工件上先镀上一层铜是比较好的办法，这样可以看出是否镀层已覆盖了整个工件表面（因为颜色不同，所以便于观察），然后再镀银或镀金。因为镀金费用高，所以应把铜和银镀厚一些，金只用于覆盖表面。

电镀开始的阶段，如果工件的某些部位出现粗糙的镀层（橘皮状），说明工件离阳极太近，或者导电涂层有污点。这种"橘皮现象"可以用砂纸打掉。电解清洗后再放回镀池。隔一段时间可以把阴、阳极短时对调一下，这样能令电镀表面光滑，特别是使用氰化物镀液。

搅动和过滤是成功控制电铸的手段。搅动的频率高，电镀速度加快，表面光洁度也较高，经常过滤镀液，可去除沉淀和污垢，提高电镀质量。过滤程序也很简单，只要把镀液从一个容器中，经滤网倒入另一容器中就可以了。

虽然从理论上讲，用电镀可以镀无限厚的镀层，但实际上镀得时间太长之后，镀层表面就会出现橘皮现象和结节状颗粒。一出现这种情况就要把工件取出，用黄铜丝抛光轮抛光工件表面，清洗后再电镀。这样的操作，看需要可以重复若干次。降低电压能减少粗糙面的出现。

（四）后期处理

当电铸成功地完成后，工件的造型就固化了。原来的支撑材料——蜡、羊皮、塑性聚苯乙烯等就完成了使命，可以用煮沸和焙烧的办法将它们熔化或烧成灰烬，如果电镀将整个造型完全包裹，要在上面钻一个小孔，让里面的支撑材料熔出，然后进行电解清洗，一般在电镀全部完成后，要进行轻度的抛光或进行拉丝处理。

通过电铸的方法，也可进行宝石镶嵌（能抵御强酸碱腐蚀的宝石），也就是说先将宝石固定在蜡型上，在宝石需要托架的地方涂上导电涂层，或者干脆把成型材料做成托架造型，最后进行电铸。

电铸的金属造型仍可以进行锯、钻、焊接和点蓝等工艺的进一步加工。

■思考与练习

1. 如何理解铸造工艺对首饰制造的重要意义？
2. 对熔模铸造的结构有哪些要求？
3. 手工雕刻蜡版有哪些技术规律？
4. 电铸工艺与熔模铸造工艺相比有哪些优势？

第七章　首饰镶嵌工艺

人们通常以为镶嵌仅仅是指宝石镶嵌，有些专业人士可能也这样认为。其实镶嵌指的是一个更为宽泛的概念。除了宝石镶嵌以外，还包括金属镶嵌（不同金属间相互嵌接），非金属镶嵌。

不管金属镶嵌、非金属镶嵌还是宝石镶嵌，一般情况下，人们首先看重的是它的装饰效果，其次是其文化含义，当然，也有一些更加看重文化内涵的情况。比如，代表12个月的生辰石以及人们赋予各种宝石的象征意义：钻石象征爱情的永恒，中国传统的玉文化"君子以玉比德"等等。

综上所述，设计宝石镶嵌首饰时，既要考虑其装饰美感又要考虑作品所承载的文化内容；运用金属镶嵌与非金属镶嵌工艺进行首饰设计或制作时，主要考虑不同金属或不同材料间的色彩、肌理的对比所表现出来的装饰效果。

本章节重点介绍金属镶嵌与宝石镶嵌。

第一节　金属镶嵌

有许多首饰和工艺品是通过两种以上金属的色彩和质地的对比，或者金属与非金属材质的对比来达到装饰效果的。在这里专门讨论不同金属的拼接组合、嵌接、错金、木纹金属等，这些技术是金工中最常出现的。

一、拼接组合

做金属拼接，片、条或线都可使用，在这里最大的问题是要使接缝非常吻合，并且能用不同熔点的焊料把它们焊接成一个整体。

拼接金属有两种最基本的方法，一种是把小块金属互相焊接在一起。另外一种是在大块的金属板上镂空出既定形状，把另外一种颜色质地的金属锯成同样大小形状的小块嵌入其中。做这一工序首要注意的是金属片必须平整，如果不平，退火后用木锤敲平，一般的板材都要准备得厚一些，留出焊接以后锉的量。

设计一旦确定，把图案的第一部分描到金属板上，锯下来，锉成理想形状，把它按在另一块金属板上，用笔划出痕迹，沿划痕锯下材料，稍作加工就可以和第一部分金属的造型完全吻合，注意不能有明显的缝隙。

焊接之前，在两块金属的接合口涂好焊剂，合起来放到一块绝对平整的焊瓦或木炭上，进行焊接，正面向上，焊接时如果工件移位，可用钢扦进行调整，如果用大头针固定工件，要注意留一点空隙，因为金属加热后会膨胀。金属的表面最好涂满焊剂。焊的时候，宁愿让焊料多一点，也别少了，并且用钢扦调整焊料，让它们百分之百熔流进焊缝。焊合以后，把工件翻过来看一下，是否焊料已完全充满焊缝。

如果第一次焊接没有完全焊好，要把工件拿去酸洗，用热水洗净，再涂焊剂，用低一号的焊料焊接，再焊不好，就要用平口錾子錾合裂缝，再用软焊料焊。一般来说，中温焊料最适于填补缝隙。

在此，比较常见的问题是，第二次焊接时，第一次的焊料会逸流，如果这种情况发生，只好按上述方法重焊。焊接完成后，还要经酸洗、水冲和干燥，锉掉不平整的地方和多余的焊料。用砂纸打掉锉痕，最后的表面可以做"拉毛"处理或抛光。

如果我们是把一种金属用镂空的方法嵌入另一块金属，还有其他的工艺可以应用，特别是多次嵌接，那么设计焊接的顺序就尤为重要，一般把最大面积的嵌块先焊入主体金属板，然后在嵌块上镂出镶口，把小块金属嵌进去。

注意要点：要嵌入的那小块金属要首先做出来，锉好造型，把它放在主体金属板上，沿轮廓划出线，然后镂掉轮廓线里的那部分金属，用要嵌入的那块金属去试，锉到严丝合缝才能进行焊接。如果要拼接的是一条很细的窄条，也要把窄条的造型做好，按窄条的造型划出线，锯掉主体金属的那一部分，调整合适才能焊接。

另一种嵌线（嵌窄条）的方法：把图案在主体金属上勾好后，在那些细线的一端钻一个孔，沿线用锯子锯出缝隙，把一条与锯丝一样厚薄的金属条嵌入其中，焊接，打磨，线条的效果就做出来了。注意在这种情况下，锯出的线条一定要柔顺，不然很难嵌好薄片。嵌入后缝隙不严的地方可以用錾子整理。

薄金属条可以用压片机压出，要压得比锯出的线条略薄。可以用钳子把薄片嵌入。

如果要做的线条是互相交错的，要先做最主要、最长的那条线，焊好后再锯出其他的线。焊后加的线一定要用软一号的焊料，以免第一次焊接的焊料熔流。赭土（赭石）可以用于保护前一次的焊口。

在主体金属板上做圆圈（或圆点）镶嵌最容易，在板材上用合适的钻头钻出孔，用相应粗细的金属丝（线）锯成段，嵌入即可。金属管中嵌入不同颜色的金属棍，再把它们嵌入底金属板上，颜色对比会更加丰富。

二、错金

错金是一种有着悠久历史的金工技术（图7-1），我国早在春秋时期就已达到很高的工艺水平。其方法是把退过火的另一种金属线、条、块等嵌入主体金属的切口或凹槽。通常这种凹槽可以用不同的方法做出，例如预先浇铸、蚀刻、錾刻、雕刻或者切割。嵌入有别于拼接，因为嵌入的材料不一定要与主体焊接。凹槽可以是上窄下宽的燕尾形，锤入比槽口宽一点的金属，达到嵌住的目的（图7-2）。相比之下，现代首饰匠人更喜欢用拼焊的方法，这样做效果较好，而且省时省力。

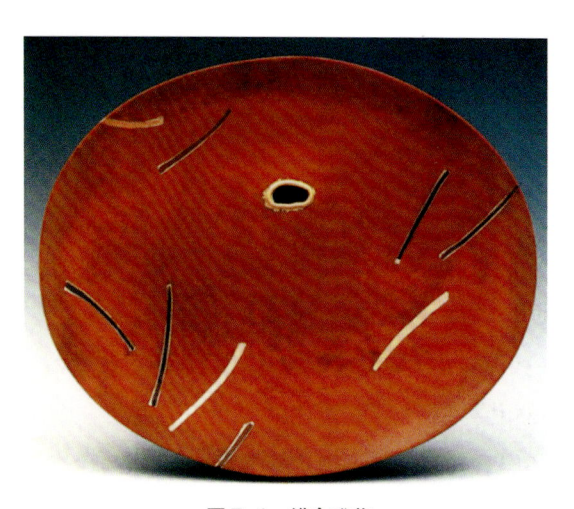

图7-1 错金工艺

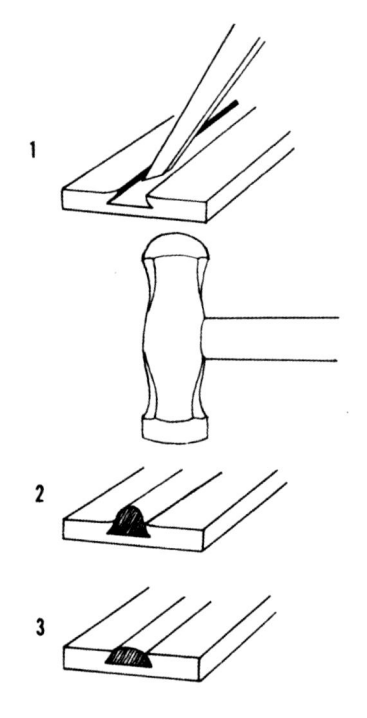

图 7-2　错金截面图

错金技术的基础部分，就是要在主体金属上刻出凹槽。因此主体金属应有一定厚度，能有量做出凹槽。所用的雕刻工具要看是刻直槽、弯槽、槽的深度以及燕尾槽的造型而定。

例如，刻一条直的0.4mm宽的凹槽，用5号（瑞士编码）抢刀抢出主线，再用零号刀抢出燕尾槽，抢细线不管是直线还是弧形线，可用菱形或方形刃抢刀抢出主线，再用零号盾形刃或楔形刃抢刀抢刻燕尾槽。抢刀都要磨得很合适，要好控制，角度正确。

在直槽当中嵌丝最容易掌握。先把设计图案拓到主体金属板上，用抢刀铲出一条同样深度的槽，根据情况和经验，判断深度是否合适，用一把小一号的抢刀抢出燕尾槽。

要嵌入的金属丝的直径应是凹槽深度的1倍。用锤子或平口錾子把金属丝嵌实。我们一般用黄铜做的平口錾子，在錾口上留一点未抛光的肌理。可以这样做錾口，把铜錾子在垫钢板的砂纸上轻轻錾几下，錾口就是麻面的了，用它来把金属錾进凹槽，就不会打滑。也有人喜欢用木块垫着把丝敲进凹槽，当然，不管用哪种方法，在操作前都别忘了把金属丝退火。

把金属嵌入以后，往往会有部分金属凸出来，即使是锉完了也不能完全平整，这时可以用一把略宽于嵌口的抢刀铲去凸出部分，注意别铲了本体金属，最后用500~600#细砂纸磨掉锉痕。

螺旋线、弧线也可以铲成燕尾槽，方法与前述一样，当然，难度稍大一些，特别是铲外圈的燕尾，刀要根据需要磨成特别形状。

还有一种制作错金的方法，它比雕刻和蚀刻都容易，先在一块板材上镂出图案，在另一种金属上锯出要嵌入镂空位置的造型，锉合适（后嵌的金属板材要略厚）把镂空的金属板焊到一块平的金属板上，这里镂空就变成了凹槽，用平口抢刀铲平有妨碍的焊料，嵌入金属的方法与前相同。注意在镂空的时候别忘了做燕尾。

最后一种方法就是在工艺开始的时候使用焊接技术，把要嵌入的造型锯下，焊到主体金属板上。然后把整个工件（已焊上造型的主金属板）过压片机辗压，把焊上去的造型硬挤进主金属板去。一般来说，主体板材最好是软一点的金属。另外，焊上去的材料要比主体金属板薄，例如把14K金0.5mm厚材料压进厚1mm纯银底板中。

用这种方法可以"镶嵌"任意造型的图案，但别忘了用压片机压金属，金属会延长，会变薄，因此，嵌入的造型也会变形。要通过实践，掌握经验，才能知道做成什么造型在过完压片机之后可以得到理想的效果。

往金属板上焊造型的时候用中温焊料，不

要用太多焊料，以免流到外围，造成不必要的麻烦。仔细检查焊口，有缺点要及时修补。冷却后酸洗，最后经压片机锻压两至三次，达到合适的厚度。如果焊接没有问题，压过之后不会开裂，也不会翘起。

做完第一个图形之后，剩下的造型也可以陆续往上焊和锻压直至整个设计完成。不管什么情况，每次只能做一个局部，不能把所有小块图形全部焊上。例如，以标准银做一件首饰的主体，上面要嵌一个金的造型，外加一些铜的环型装饰，那么要先把金焊上去并压到 0.8mm 厚，然后再把铜的造型部分焊上，并压成同样厚度。注意整体锉平要等图形全部做完后才能进行。

三、木纹金属

木纹金属是日本人发明出来的一种古老的金工技术，这种金属表面自然形成的图案是不能用传统的金属嵌接技术来完成的（图7-3）。

把不同的金属片叠加起来并锻压，然后再用特殊的加工工艺，做成几何形或木纹状的图案。

通常可以用 2 ~ 6 种金属制作木纹金属，如：黄金、白银、红铜、黄铜、青铜和镍银，等等。这些金属可根据需要按任意的次序叠合，每片金属的大小按作品的尺寸决定。注意：对于初学者来说，开始的时候最好尺寸做得小点，每片金属的形状和尺寸都要完全一样。金属片的厚薄可以不同（一般在 0.8 ~ 1.6mm），摆放的时候要注意片与片之间的色彩和质地对比。

锻压的过程如下：

金属片或条首先要退火，然后酸洗、去净油污。操作的时候尽量拿边沿的地方，要注意所有的片都要非常平。

在把所有金属叠起之前，每片朝上的一面要入好焊料（最上面的那片除外）。做法如下：先抹上一层焊剂，撒上用锉刀锉下的焊料屑，烘干水分，然后把金属片全部叠起来，用纯铁丝绑紧，焊接最好在焊网上进行，以利于从下面加热。

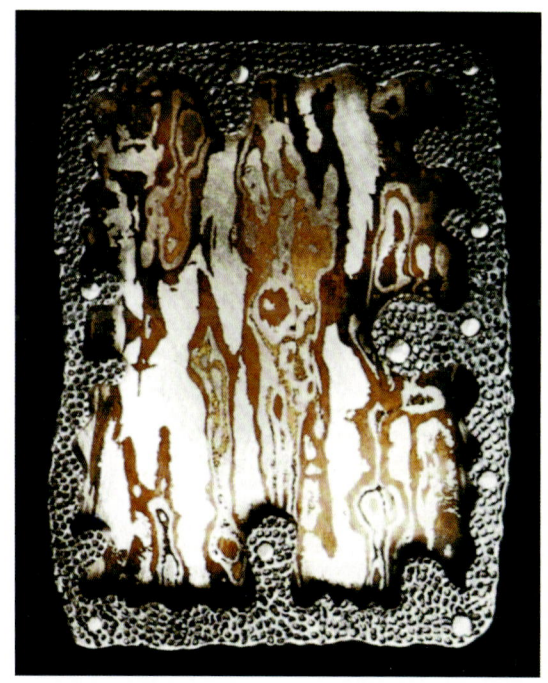

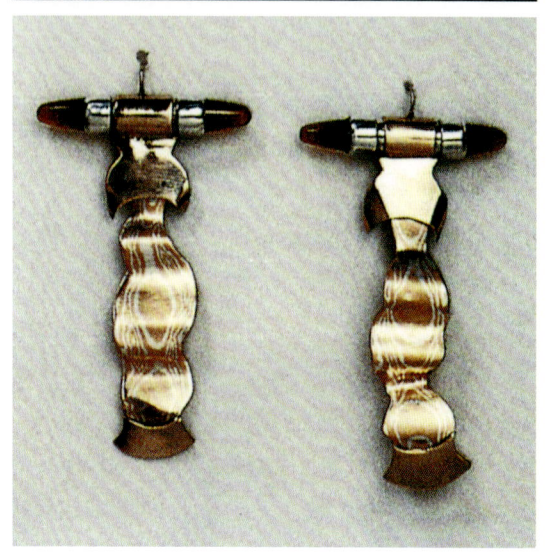

图 7-3 木纹金属工艺

为了保证金属均匀受热，要用面积较大、较软的火焰，整体加热。当加热到一定程度，可以用石墨棒从顶部按压，这样做可以排去夹在片中间的空气，使金属层紧密结合。继续加热到焊料完全熔化。工件冷却以后先酸洗，再用热水漂洗，检查一下有没有缝隙，如果有，要敷上焊剂再焊一遍。

焊接工艺完成以后，我们可以有很多选择，例如，用锯把工件横截成 3.2mm 的薄片，这就形成有许多颜色条纹的金属片。可以按锯下的厚度使用，也可以过压片机压薄，再用錾子錾出造型。记住在锻压多层金属的时候，要随时退火，以免过硬。通常锻完的材料厚度在 0.8～1.3mm 厚，条材可以单独使用，也可以镶嵌或焊在一起组成几何图案。

另一种方法是把材料压到 0.8mm 厚的时候，从中间锯成两半，把周边锯整齐，然后叠起来，用中温焊料焊接起来，可以做成很多层。

建议所做层数不要超过 40～50 层，因为最终材料的厚度都在 0.8mm，层数多了，每层就必然很薄，这样每层的对比就变得不明显，失去了装饰的意义。

为了制作一些有趣的效果，我们可以使不规则形状的条纹、圆圈，不同颜色的层次都显露出来；我们也可以从不同的角度锯、锉锻压过的金属叠层，凿出凹陷、钻出孔洞，这些孔可以是直的，也可以是斜的，切成条的材料可以两股扭起来，也可以折起来。这些经过特殊处理的材料最后可以过压延机锻压，也能用锤子锤展，总之，图案肌理妙趣横生。

人们最熟悉的"木纹"图案效果是通过錾凹和顶凸金属的表面。制作这些凹凸时可以变换不同尺寸、不同形状的錾子，凸起和凹陷还可以有不同的深浅，总的来说，可以随心所欲地做出不同的造型，最后把表面凸出的地方锉平，这样各层不同的金属就以同心圆的形式显露出来了。注意凸起不能敲得太高，否则很容易被锉穿，根据经验，凸起不应超过金属叠层厚度的一半。锉穿的孔可以补上，补之前把洞扩大一点，堵上一小块金属，然后焊接。运用"木纹金属"的制作原理，我们可以把不同颜色的金属线拧成一股，然后盘起来，焊成整体，再经过锻压成片，会产生特别的花纹效果。

当木纹金属片完成之后，可以用来做各种造型或者与其他金属造型结合使用。注意：当木纹金属与其他金属焊接的时候，最好使用低温焊料焊接，以免金属层之间的焊料脱焊。木纹金属作品的后期处理一如其他金属，可以用锉刀锉、砂纸打、用抛光轮抛光。金属表面也可以作化学处理，如氧化处理或做旧。

第二节　嵌接非金属材料

非金属嵌接的材料包括木头、象牙、骨、塑料、树脂、玻璃和宝石等，把它们与金属结合的目的是为了产生色彩的对比、材质的对比和肌理效果的对比。珐琅也是一种镶嵌，在前面有详细阐述。嵌接非金属材料的程序基本与嵌金属相似，如在金属板上用方形金属丝焊出一个网状的框架结构，在框架的空档中嵌填如乌木、象牙、树脂、珐琅一类的材料。

固定嵌入材料的方法有胶合、树脂粘合、针栓、铆合或用围边的金属挤住，嵌接非金属材料，要在整个工件已彻底完成焊接、基本抛光之后进行。下面重点讲述宝石镶嵌。

第三节　宝石镶嵌

一、宝石镶嵌概述

用什么方法进行镶嵌，常取决于用什么宝石及宝石的外形，取决于整件首饰的造型设计，还要注意到宝石的安全以及宝石材质的充分表现。最简单的固定宝石的方法就是用金属丝将宝石绑起来。凸圆形的、不透明的、底面磨平的、质地较软的、易碎的宝石通常用包镶的方法镶嵌。

透明的刻面宝石需要有更多的光线进入内部并反射出来，通过表面刻面的折射充分表现宝石的光彩和颜色。因此，任何的镶嵌手法不仅要保证宝石的折光尽量不受到干扰，还要保证宝石在安全的情况下悦目，有品味。通透的爪镶最能满足上述的要求，因为镶爪设定在宝石最宽的地方（腰线上），宝石的其他角度都能最大限度地显现出来。

传统的爪镶有著名的六爪皇冠镶，即蒂凡尼镶口（图7-4），多用于镶嵌戒指。并不是所有的刻面宝石都用爪镶。有些首饰设计和镶石设计不便于采用上述的爪镶方法（一般用于主石镶嵌），首饰匠还发明了比表面金属略低或持平的镶嵌手法。这些手法有许多种，最普通的有铺路镶和起钉镶。

还有一些特别的镶嵌方法，祖母绿宝石可以嵌在盒式镶口中；轨道镶用于嵌住梯方形宝石；鱼尾形镶口也是很常见的爪镶方式；"幻觉"镶通过镶口上的光彩，让人觉得上面的宝石变大了。小的群镶实际和爪镶的原理是一样的，把很多爪焊在一起，镶上石头，形成簇。珍珠镶嵌也可以用爪镶，但更多的是做一个针栓，在珍珠上打孔，将栓插入固定。绝大多数的宝石都用标准的切工加工，并打磨成同样的尺寸，按传统的方法镶嵌。但当今的一些首饰匠也经常会用非常规切割的宝石，因此要设计出特别的镶口，充分展现个性。

这里需要提醒一下，像铸造用的镶口、压花包镶口，皇冠镶口等材料在首饰材料行有现成的出售，有标准的尺寸和使用不同的金属制作的镶口。

二、随形宝石和缠绕镶

（一）随形宝石

随形宝石近年颇为流行，丰富的色彩和抽

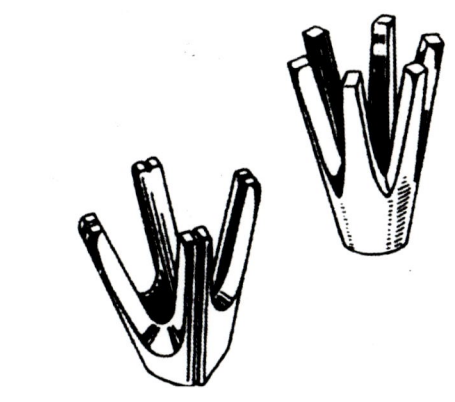

图7-4　蒂凡尼镶口

象的造型使首饰更具随意性。

我们可以从自然界获得大小合适的宝石，或者把大块的石头敲成合适的尺寸。也可以通过人工制作来获得随形宝石，如将敲下有尖角的石头放入滚光筒，添入研磨辅料滚成。滚光时转速要慢，滚动几个小时，让宝石互相研磨，抛光辅料可以使宝石磨得更光亮。

一些未经切割的宝石可以直接从供应商手里购买，如紫晶、黄水晶、海蓝宝石（浅蓝至绿色）、粉红水晶（芙蓉石）等。

（二）金属线缠绕镶

最适于在随形宝石上运用。可以用圆丝也可以用方丝来缠绕。缠绕的方法如图7-5所示。

三、包镶

包镶是一种极古老的镶嵌手法，用于镶住底部为平面、表面成弧面的素面宝石或梯级式切割的宝石，有时也用于其他造型的宝石。包镶是最常用的一种镶嵌形式，因为包镶较易操作，能用于批量生产。即使名贵宝石，也可用包镶的手法，用黄金和铂做成镶口。

包边金属的厚度，无论用银、金、铂，要看所镶宝石的大小和包边的形式。一般来说我们很容易通过宝石的情况确定包边的厚度。用于包镶小型、椭圆素面宝石的金属片厚度常为：标准银0.3mm，黄色18K金0.2mm。

对于初学者来说，只要根据本书教授的方法，不难用标准银做包镶。标准银比较普及，容易获得，并且较耐磨，是制作大部分包镶的首选材料。也有人喜欢用纯银做包边，理由是纯银的熔点比标准银高，容易焊接。同时，纯银较软，便于操作。焊接包边时要用高温焊料，以利于后续的焊接工艺。

（一）镶嵌工具

镶嵌工具的工作面有方形的，也有圆形的，蜂蜡或橡皮泥用于粘住宝石，放入镶口调试。多数镶嵌工具都用工具钢打制。其长方形工作面为3.2mm×4.8mm。按压工具宽4.5mm，长度不限，压光工具用钢打制，椭圆形。

（二）包镶的方法（图7-6）

制作包边时，把金属剪成窄长条，把它卷到

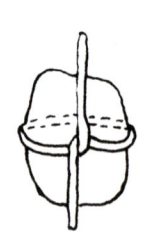

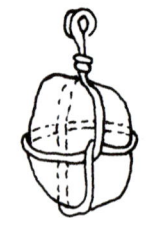

图7-5 金属线缠绕镶

素面宝石腰围上。根据所需长度剪断，调整至完全箍住宝石，然后焊接成圈状。一般来说圈口要稍紧一点，如果太紧可以用一根细戒棒敲宽，太松的话就要剪掉一段重新焊接。

圈口可以用钳子任意弯成不同形状，以适应宝石。圈口太紧不能强迫压入宝石，否则会弄碎宝石。圈的一边要理平，然后焊上底板。

如果镶的是透明的宝石，要锯掉底板上的大部分金属，留下一个底边，要保证圈口不至于变形，同时透过光线。

圈口的高度要锉至合适的高度，保证能镶住宝石。有一些情况，圈口内还要再加一个内圈，以便托高宝石。所有的焊接工序完成后才能进行镶嵌。

宝石放在合适的位置后，用玛瑙刀或专门的工具压实圈口，镶住宝石。镶嵌的时候，圈口底托可以用专门钳子固定，也可以固定在戒指棒上或干脆用胶粘住。

镶嵌时不要直接敲击宝石，否则会震裂石头。开始的时候要让錾子保持45°角，要不停地变换所敲的位置，以保证宝石平整。随着镶口内收，錾子的角度不断提高直至几乎垂直，让圈口边沿完全与宝石吻合。最后将圈口边沿抛光。

初学者常把圈口做小，在这种情况下，解决的办法就是用合适的工具铲掉圈口内侧的金属，以便镶口完全适合宝石。

包镶圈口的周围经常会焊上一圈花丝作为

图 7-6

包镶示意图

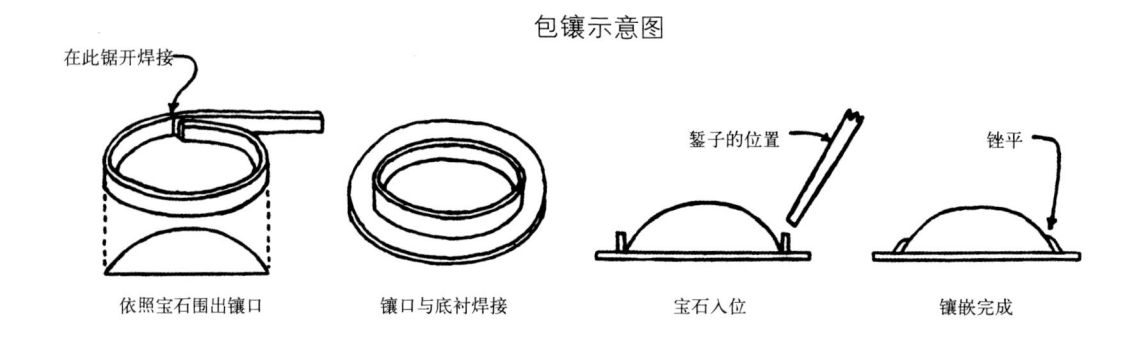

| 在此锯开焊接 | | 錾子的位置 | 锉平 |

依照宝石围出镶口　　镶口与底衬焊接　　宝石入位　　镶嵌完成

包镶时内衬的位置

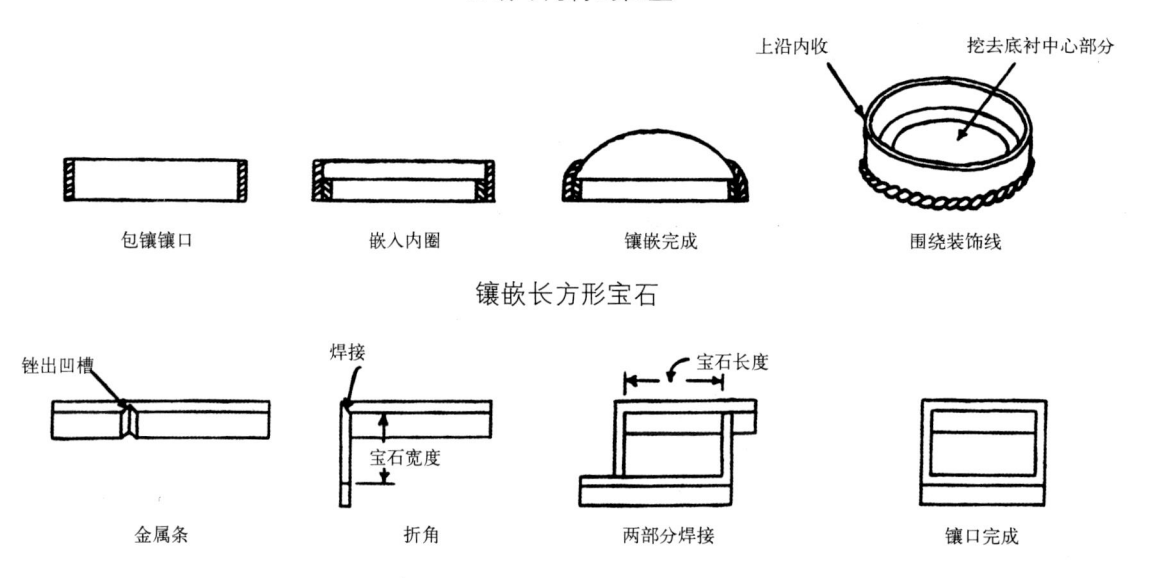

上沿内收　　挖去底衬中心部分

包镶镶口　　嵌入内圈　　镶嵌完成　　围绕装饰线

镶嵌长方形宝石

锉出凹槽　　焊接　　宝石长度　　宝石宽度

金属条　　折角　　两部分焊接　　镶口完成

图 7-6　包镶的方法

装饰。制作方法是把花丝绕成圈，要稍微比圈口小一点，用戒棒撑至最合适的大小，套进圈口然后焊接。

（三）垫高宝石的包镶（有内衬的包镶）

带内衬的包镶与常规包镶的不同之处是内侧带有一个衬圈，衬圈不必焊到底板上，其目的是为托高宝石，使宝石更突出或者便于镶口与戒圈焊接。

一般来说，衬圈金属片略厚于圈口。衬圈要绝对平整，衬圈口到圈口上沿应有合适的距离，以便镶住宝石。衬圈也可以和圈口焊在一起。

（四）方形包镶

方形包镶镶口适于镶嵌简单的阶梯形刻面宝石。圈口可以用较厚金属片（925银可用1.3mm 厚度），高度略低于宝石。

方形镶口制作方法：需要两条金属条，在条上用三角锉或方锉锉出凹槽，在凹的位置上弯成 90°角，从内侧焊接（凹槽的深度为片厚度的 7/8）加固。

金属条要保留得比宝石稍长，把宝石放进去找到合适的位置，用锉调整，然后焊接成圈口。多出的地方锯掉，再整理一番就很完美了。

注意：当我们用较厚的片，0.8mm或更厚

第七章 首饰镶嵌工艺

的片做包镶,建议把镶口上沿向外下方向锉成30°角,这样比较容易镶住宝石。批量生产可以用吊机冲头进行包镶。

四、简易爪镶镶口

(一) 简易爪镶(图7-7,图7-8)

这种镶口很容易制作,并很实用,常见于金、银制作的手链、胸针和耳环,偶尔也用于镶嵌小颗粒钻石的铂金首饰。尽管简易爪镶多用于镶嵌素面宝石,但也可运用到其他刻面的宝石上。可以用不同的办法制作和焊接镶爪。

镶口的底圈一般用长方形截面的金属丝制作,也可以用金属管做,用钳子弯出底圈。底圈大小要与宝石配合。如果用管,可以用锯把管锯成段作底圈。注意任何一种情况下,底圈都要比宝石略小一点。宝石入位以后,从顶部看宝石,不应露出底圈(石碗)。

镶爪的位置、数量以及大小由宝石的尺寸和形状所决定,一般来说多为四爪,镶爪截面有圆的、长方的或半圆形的,具体用什么形状要看首饰的总体设计而定。

镶爪与底圈焊接有下述的方法:把镶爪切成比实际需要长一点,把底圈放在一块软木炭上,用钳子把爪靠住底圈,插入木炭,这样就可放心地进行焊接,保证不会移位。有许多首饰匠常先在底圈上焊上一根镶爪,该爪可以防止底圈滚动,然后再焊上其他镶爪。当焊接完成后,镶口从木炭上拿下,剪掉底圈长出的镶爪,锉平圈底,也可以用金刚砂油石磨平。最后把镶爪切成所需的长短,就可以进行宝石镶嵌了。

当需要制作许多形状相同并且简单的镶口的时候,有一种技巧能使速度大大加快。镶爪用两段相同粗细和长短的丝,用钳子弯成"U"字

图7-7 简易爪镶

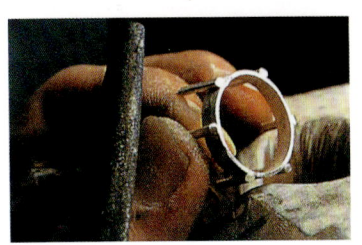

图7-8 简易爪镶镶口

形，将两个"U"的底部相交并焊接，然后调整各爪间的距离，把底圈放入镶爪中间，焊接。重复同样的工序，只要镶爪的高度留得够，可以在不同距离上焊上若干个底圈，然后分离，这样就做出了多个简单的镶口。

素面宝石常用爪镶，只要把镶爪往里往下按压，就能嵌住宝石。有时也可用錾子辅助，用锤子敲击，让爪夹紧宝石。爪的顶部要锉圆抛光。

（二）小爪镶

小型圆底四爪镶常用于镶嵌小的刻面宝石，制作方法是用圆规画一个圆圈，圈的直径、片的厚度视宝石大小而定。按圆的形状切割，用窝錾冲成镶口。镶口的底部如要留孔，可用钻头钻出或干脆用錾子冲出。如果想做成直筒形的镶口，可以专门做一个锥形冲子，冲成如图7-9所示的镶口，6爪或8爪的镶口（俗称蒂凡尼镶口）也可以用上述的方法制出。

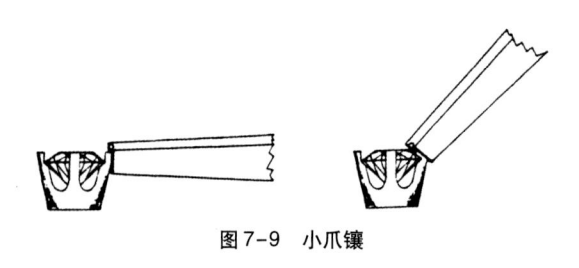

图7-9 小爪镶

（三）筒状镶口

这种镶口同前述的镶口相似，只不过稍微复杂一些，可以用于镶嵌素面和刻面宝石。

先用0.8mm厚的片材卷成比宝石略小的管，焊好接缝之后，将其放入一个特制的锥形窝里面（线板的孔可以做代用品），用一个锥形錾子把管冲成上宽下窄，宽口应比要镶的宝石略大。注意石头不是放入管中，而应坐在管的上沿口，按石的大小，铣出嵌口，将宝石嵌入里面。

如果管子的一头不扩宽，可以用于镶嵌素面宝石（管镶）。用锥形或飞蝶形铣刀扩大宽管子内壁以适合宝石的直径。差不多要铣去管壁的30%，这样宝石才能安稳地嵌在里面。镶口合拢的方法如常规包镶。

用于镶嵌刻面宝石的话，可以用管子锯出镶爪。要注意先在管子的上沿均匀画出每个爪之间的空间。在管壁上画出镶爪，然后锯掉多余的金属。锯的时候，锯丝要打斜，在锯一边镶爪的时候避免锯到对面管壁。另外，锯出的"U"形间距的底部也是斜的，这也是管镶的一个特点，锯出镶爪后要用锉做相应整理。

（四）复式爪镶

复式爪镶"口碗"的制作方法如下：上里圈的直径与宝石一样，里圈用0.65mm圆丝弯成，下里圈要做得略小，当镶爪焊好后，"石碗"的整体形状略微成锥台形。里圈要用高温焊药焊接，圈口上与爪相焊的地方都要用铣刀铣出凹槽，槽深为圈口丝的1/3，这样才能保证镶爪焊接稳固。焊接镶爪时可用木炭固定，焊完后，多余的金属部分锯掉。

宝石放入镶口后用尖嘴钳合拢镶爪（如图7-10）。镶爪上与宝石腰围接触的地方要用合适的球形铣铣出凹槽，便于合拢镶爪。

使用球型铣一定要十分小心，它容易滑跑，很难控制。

也可以用锥形铣一次性铣出凹槽，一般可以用千分尺量出宝石腰围的厚度，来决定应用什么尺寸的铣刀。镶爪上切口的深度要看爪的粗细（切口深度一般为爪粗的25%～40%）、爪的位置和铣刀的直径而定。镶口的大小可以根据宝石的直径把镶爪往里或往外扳。

宝石入位之前，镶爪的内侧都要用锉略加

镶爪处理
凹槽位置   完成的镶爪

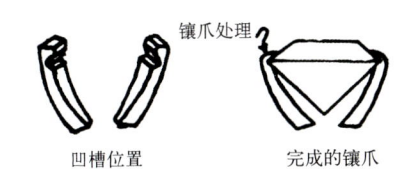

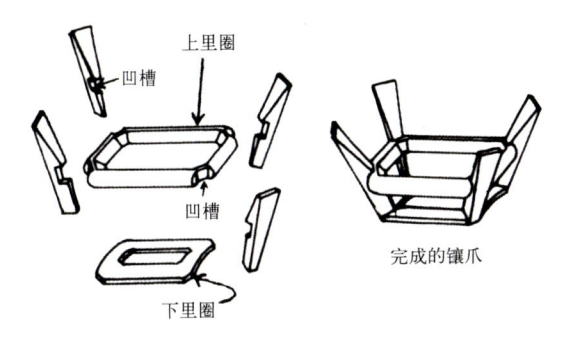

上里圈
凹槽
凹槽
下里圈
完成的镶爪

图7-10 复式爪镶

修整。然后放进宝石，要保持腰线的平正。镶石的时候先用平行钳把镶爪往里扳，然后用镶石锥按压镶爪。在宝石镶稳之前不能截短镶爪，也不能打磨镶爪顶端。宝石镶稳以后，我们可以用一把薄锋的锉刀做镶爪的后期整理。

材料行常有小的现成镶口出售，有相应的编码，配合相应的有色半宝石。爪镶镶口也可以作为首饰零件进行铸造。

（五）群镶镶口（图7-11）

这是一种非常有吸引力的镶口，多用于镶嵌刻面红、蓝宝石。群镶常用于现代设计的胸针或耳环的中心部位，在这里以一种有七个镶口的群镶作为例子。根据需要锯出一个圆,用窝錾冲成略微凸起状，镶爪用圆丝制作并断得比实际需要长一点。中心宝石的镶爪首先设定，先在底板上用圆规画出一个与宝石腰围一样大小的圆。确定好六个镶爪的位置，注意把镶爪平均分配，并且每个镶爪都略微越过圆圈，钻孔，把爪

插上，从底座的反面焊接，记住要用高温焊料。

用同样的方法制作其他镶口，一般情况下都用四爪镶口（也有用6爪的）。当所有的镶爪都焊好后，锯掉底板反面突出的镶爪。最后在底板上开孔，在不损坏镶爪的情况下，孔要尽量开得大。而底板的外沿却要尽量锉窄，几乎与镶爪持平。

有些首饰匠用丝代替底板制作钻石群镶镶口。镶口的造型要非常精密地画出。所有尺寸的确定都根据图纸来进行。宝石用丝做成的环托住，环的直径与宝石腰围直径一致，丝的粗细为0.65mm。在制作时，让环互相紧挨着摆在焊台上，整理好，并进行焊接，注意按设计的要求摆放。用高温焊料进行焊接。焊好的圈也要用窝錾

图7-11 群镶镶口

冲成中间凸起，因而，一般来说周围群镶的宝石都与主石形成一定的角度。用"平扫"（柱形铣刀）在圈上铣出凹槽，便于随后焊接镶爪，镶爪用木炭先固定，再进行焊接。在镶口底下焊上一个底圈，增加托架的硬度和弹性。反面凸出的镶爪要锉平。

注意：先镶上主石，再镶周围的小钻。镶爪的顶部要用"吸珠"（内凹形铣刀）磨圆。

五、祖母绿刻面宝石专用爪镶

祖母绿刻面宝石专用爪镶是最完美的镶口之一（图7-12），用于镶嵌最贵重的宝石，一般都用手工制造。好的手工要求计算得非常精确，任何的细节都应注意到。有很多基础的技术用于这种镶嵌，镶得好坏要看镶工的背景和他所受过的训练。

下面谈到的技术是很多人喜欢采用的。上里圈（腰围）由一块平的金属板锯出。中间方孔的大小与宝石腰线之下第一个刻面与第二个刻面相交的位置一样大小。方孔的内沿要锯成与宝石亭部一样的斜度。注意：祖母绿的四角都有相应的刻面，要在内框上留出相应的余地，方口应仔细打磨，让宝石能够稳固地镶在里面。在方口的四面，按金属片的厚度，用圆规与方口线条平行画出线条，用锯锯出框子，外框边也应是斜的。在框的四角外侧锉出凹口，宽度与镶爪一样，用于与镶爪榫合（咬合）。

镶爪用方形的小金属棍制成，断成比实际需要略长，把镶爪锉成上宽下窄、窄的地方成方形，在镶爪上也要锉出凹槽，与框架上的凹口相咬合。

用极高温的焊料，把爪焊到框架上。用一块略弯曲的金属板做底框，焊接后在中间开孔。底框的外沿用锉整理，让整个工件符合精密镶口的要求。

当镶口与托架焊在一起后，就可以镶嵌宝石了。爪的上部也要用"平扫"切出凹口，以便镶住宝石，爪的顶端要用锉整理好。

单个的镶口可以用丝互相连结成链并焊接。焊好之后还可以调整位置，先在镶口的上圈和下圈之间焊一根小柱，用丝套住小柱做成环，再与另一镶口相连。这样两镶口相连，但中间是活动的。环的大小决定镶口间的活动幅度。一般来说环的另一边焊死在另一镶口的底圈上。用这样的方法可以连结无数的镶口。

托架与镶口的衔接：先准备一段方金属棍，棍应比实际要求长12mm，留出压延和锻打的量。棍的中部用压片机压薄，用戒指棒卷成戒圈。戒圈的顶部需留出托架的位置，以便与镶口连结。

确定做戒圈的金属棍长度的方法：计算戒指周长的公式为：直径×π，另加1mm的长度作为余量。焊接戒圈与镶口时可专门打造一把特别造型的镊子，来把它们固定在一起。

六、钻石镶嵌

镶嵌钻石的方法并不难掌握，但由于钻石的价格很高，镶要做得非常精美，并且要能安全地镶住钻石。完美的做工要经过长期的实践

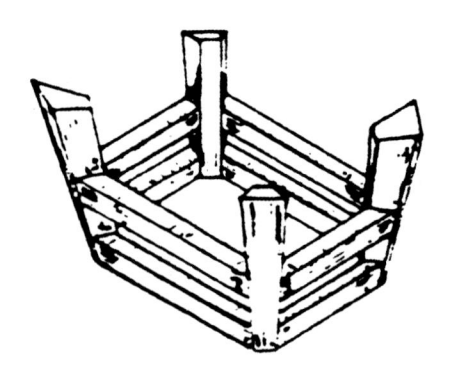

图7-12 祖母绿刻面宝石专用爪镶

和学习才能获得。

(一) 镶嵌钻石的工具

以下是需要添加的一部分工具：

1. **黄铜制成的按压锥子** 黄铜锥子用于把宝石按入设定的位置。按压器用Ø5mm铜棒制成，长76cm，柄部插入蘑菇头里（如同雕刻刀）。锥子的工作面打磨得向里凹陷，这样镶石时不会打滑。

2. **放大镜** 镶嵌师都使用放大镜，在镶嵌钻石之后，用放大镜检查镶口，进行调整或作细微处理。

3. **粉袋** 镶口在镶石之前可以扑粉（普通滑石粉即可），以遮住金属闪光，便于观察得更清晰。

4. **起钉镶专用锥子** 锥子尖端的工作面成内凹形，凹形呈弧状，根据需要圆弧有不同的大小，锥杆用工具钢打成，装上蘑菇头方便使用。锥杆不能淬火，锥尖太硬会损伤宝石，使用时锥尖如果变形要打磨。

5. **雕刻工具（抢刀）** 抢刀用于铲出镶爪，抢刀柄镶有蘑菇头便于把握，刀杆留得较短方便用力。在各种抢刀中，下述的几把最为常用：

51号及52号圆刀（刃口成圆形），用于抢起金属，塑成圆珠形。

1号盾形口抢刀和斜口刀用于刻去角落多余金属。

偏口刀应磨成一定的角度。偏口刀共有两把，一把偏口在左，一把在右。

6. **铣刀** 球形铣和桃形铣用于扩张镶孔，让宝石坐进孔内，孔口的大小由宝石的腰线直径决定。铣镶口时，要把握到正好合适，避免孔大石头小。

7. **固定工具（抓拿工具）** 戒指可以用木制手虎钳来固定。其他不规则工件可以用虫胶粘住。

(二) 镶石前金属的准备工作

1. **打孔** 在金属上先行打孔，孔的直径要略小于宝石，然后用桃形铣扩大孔径，钻石摆进孔内后腰线要稍微高出金属表面一点，用一个与钻石直径一样或略大的球形铣扩大孔径，让钻石坐进金属表面以下一点，铣刀在使用的时候要经常蘸油。可以借助橡皮泥来粘住钻石，往孔上放。

2. **金属反面的通透处理** 有一个很重要而通常又被忽略的细节，就是金属反面的通透处理，处理得好，就能够有更多光线从底部进入宝石，让宝石通透晶莹，最简易的方法就是用一个锥形铣把钻好的孔从反面扩大一下。如果制作贵重的首饰，在开扩之前最好先用笔画好要剔去的地方。应注意的地方就是要锯得均匀，锯要斜着，成合适的角度。

3. **剔出座口** 对于高质量的首饰，特别是镶嵌大颗粒宝石的首饰，在用桃形铣铣出座口后，还要用抢刀进行修整，钻石放进去后要非常贴合。座口可以先用抢刀刻出座口的上沿，然后用平刀铲去多余的金属。

4. **位置的确定** 对于起钉镶来说，起钉之前要考虑"钉"的布置，要做出记号，做记号先用铅笔画出，再用刀轻轻划出痕迹。常用于镶圆形钻的布局有四点、三点和六点。以下主要介绍四点的布局。

5. **起钉** 从离宝石1.6mm的位置开始，用51号、52号圆刃抢刀或3号尖刃抢刀，铲起的金属最终会形成一个小球（钉），抢刀以45°角进入金属。进刀后从角上的30°角向宝石的方向推去，抢的时候要稍微晃动刀子。在刀刃快到达宝石的时候停住。这时翘起抢刀，铲起的金属就形成了一个小的三角形凸起，压向宝石。重复上述操作，做出对角的"钉"，然后再做另一对角的"钉"。"钉"最后将宝石固定在金属上（图7-13）。注意在起出钉的同时，要将其压向钻石腰线，这样石头才不晃动，随后的处理基本上是使宝石更明显和更美观。

6. 整理镶口 接下来的工序，就是铲掉宝石及"钉"周围的金属，从框边往腰线上斜着铲掉金属，首先四角要切得整齐平直。刀法呈"V"字形（用1号V字刃抢刀或00号尖刃抢刀），铲去用圆口刀时的痕迹，最后铲去四周多余的金属，要一点一点地往下抢掉金属，不能一下铲下一整块，记住铲完后四周都要平整，1号盾形抢刀最适合修整边线，扑上滑石粉能更好地观察镶口的情况。

注意整理镶口的时候，运刀一定要从腰线向外进行，或向"钉"的方向进行。千万不要往腰线底部运刀，以免挑起钻石。有些镶工喜欢只往一个方向运刀。

（三）常用爪镶方式

1. 明亮式抢刻 明亮抢刻所用的刀具与粗抢用的刀具一致，但出锋的形状与此有区别。运用这种刀法的目的是创造一个更加平滑、均匀的切口，并且，运刀是围绕着钻石的，这样钻石就显得更加明亮。一般来说运刀距离要长，从右边向左边铲去。有些有经验的镶工喜欢用平刀做明亮式抢刻。

起钉抢刀用于将金属挑起成一个干净利落的"钉"，当"钉"铲出后，要用力按压摇动以利于稳固地嵌住钻石，最终"钉"的顶部用吸珠套圆。

2. 铺路镶 它是钻石最常见的镶嵌方式，在一块平面的金属板上钻石与钻石紧密相接，成多行排列，当镶嵌完成后，整件首饰表面看起来像铺满了宝石（图7-14）。

钻石的尺寸、形状、数量，石头间的距离以及孔的布局决定了镶嵌的方式。作为比较贵重的铺路镶来说，镶孔要经过严密的设计，这样镶钻的时候，它们能紧紧挨在一起。比较普通的首饰，则石与石之间离得远些，金属显露

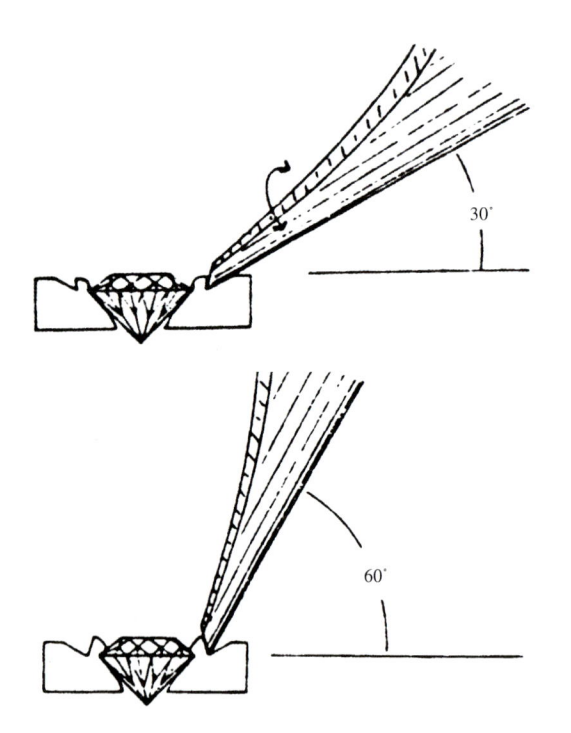

图7-13 起钉

图7-14 铺路镶

出来，尽管一般来说都是在石的四周起四颗钉，也有在三颗钻石之间用一颗钉的。当然，在这种情况下，三颗钻必须挨得极紧。如果钻石间的空档留得太大，也可以在空档里铲出钉，这样整体看起来更加协调（当然也可以铲去它们之间的金属）。

当设计一个群镶的首饰时，要与镶工紧密配合，随时让经验丰富的镶工镶石。

做准备工作的时候，要先设计钻石的排列位置，钻孔，进行底部的通透切割，对每个孔都单独地用铣刀整理，令钻石的腰线位于金属面以下，镶石时也可以用黄铜锥按压，镶孔深浅可以调整，让每颗钻的腰线都在一个平面上。

起钉的方法如前所述，使用的工具为1号或3号尖口刻刀，也可使用52号或53号圆口抢刀。0号或00号铲刀适于铲掉钉与宝石之间多余的金属，并整理出相应的造型。铲去金属或做清理的时候，切记千万不能铲腰线底下的金属。修整好之后再做光亮式抢刻，最后用吸珠铣圆钉头。

3. **幻觉镶** 用幻觉镶的方法能使钻石看起来更大，同时镶嵌的方法也相对简单。幻觉镶有4个很窄的镶爪用于固定钻石。如果需要，用桃形铣把孔扩大，让钻石的腰线正好在孔的上沿，用飞碟形铣刀在镶爪上切出嵌槽。把钻石按入嵌槽，用平口抢刀在如图7-15所示的位置上插入，撬起部分金属压住宝石。

4. **星式镶嵌** 金属上的开孔如图7-16所示，在金属上定点（通常是6~8个），可以用铅笔也可用刻刀轻轻地划上痕。

5. **鱼尾镶** 此镶法常用于制作结婚戒指。石碗的制作如图7-17所示，用飞碟形铣刀在爪上铣出嵌槽，然后在爪上按图所示锯出口。

每个爪上都要锯出两道，直至嵌槽。把镶口锉出造型。

钻石入位以后，8个内侧镶爪先嵌住宝石。可以用按压锥或钳子来完成镶嵌动作。最后用油锉整理镶口，特别要留意修整外面的4个镶爪。

6. **梯方钻的轨道镶法** 用轨道镶制成的

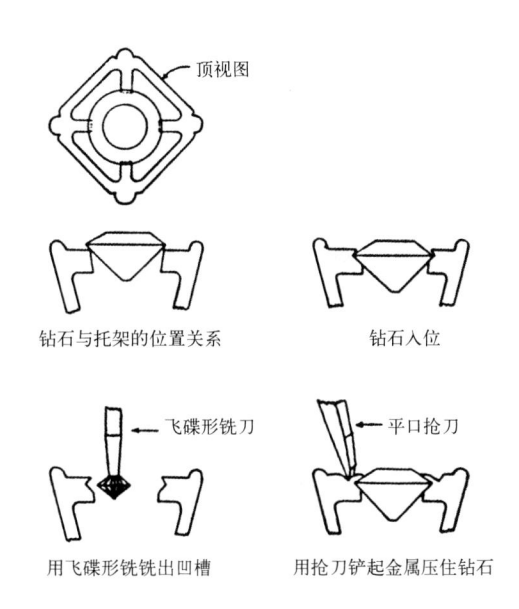

图 7-15 幻觉镶

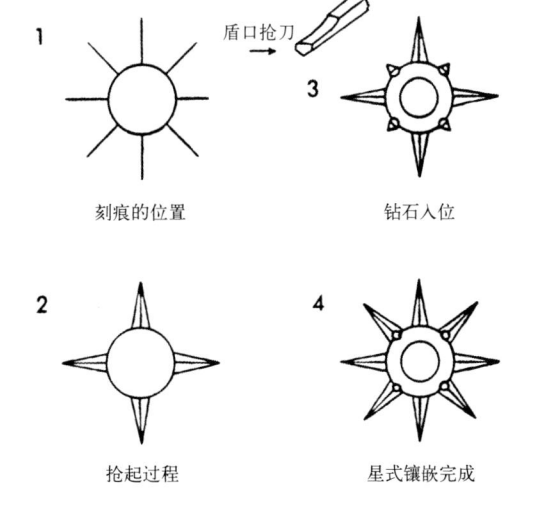

图 7-16 星式镶嵌

图 7-17 鱼尾镶

图 7-18 轨道镶

结婚戒指非常有吸引力（图7-18）。轨道通常要用盾形刀铲出。嵌槽在沿口下方，要有一定深度。沿口可用錾子或压子合拢，压住梯方钻。通常，现成的轨道镶镶口材料行有售，有规模的厂商都自行铸造镶口，采用轨道镶制作的贵重首饰大多用手工完成，铂金的镶口也很常见。

注意：一般来说，镶嵌梯方钻，钻与钻之间不应看见金属，应该是腰线之间紧密相连。

7. 长方形单颗宝石的镶嵌手法 单颗方石戒指可以按以下的方法镶嵌：在金属板上切出镶口，用盾形抢刀铲出嵌槽，四角铲不到的地方可用一个2/0号小球形铣进行整理，最后用錾子（或装在吊钻上的冲头）把圈口上的金属合拢，固定钻石，最后用油锉把镶口略加修整。

（四）打孔镶嵌

打孔镶嵌（吉卜赛式镶口），又称闷镶。这种镶嵌方式多用于制作男式素面戒指，明亮型切割的钻石也常用吉卜赛镶嵌（图7-19）。像其他镶嵌一样，开始的时候，要先在金属板上钻出一孔，用桃形铣扩宽，然后修出座。钻石装进座后，用锤子或錾子把钻石挤在座里。锤的方法前面章节已有介绍。

另外，也可以使用专用的压子进行按压固定，专用压子用一根细钢棍制成，头部削尖，尖部略弯，经高精度打磨抛光。镶嵌时把"压子"装到吊机上转起来，贴着镶口打几圈，开始时，压子与钻石的倾角较大，逐渐抬起到几乎与钻石垂直，这样就把钻石"闷"在了镶口里面。

七、珍珠镶嵌

珍珠可以用镶爪嵌住，也可以用针栓固定或用胶粘住。镶爪的缺点是能从顶部看见，多少损害了珍珠的美观。而用针栓固定，则从顶部看不见任何金属，针栓法常用于黄金和铂金高档珍珠首饰，其制作方法如下。

（一）钻孔

在珍珠上钻一个深达2/3的孔。钻的时候可以用手拿着珍珠，用吊钻打孔，也可以用专门的珍珠打孔机钻孔。最好使用碳钢钻头，这种钻头在高速的情况下能用较长时间。

注意：针栓应能比较容易地滑入孔中，不能有障碍或强塞进去。选用钻头粗细要根据珍珠直径而定。

（二）珍珠石碗

珍珠底部的托碗用一块小圆片金属冲压

图 7-19 打孔镶嵌

而成，碗的直径要小于珍珠直径，这样从顶部看不见金属碗。石碗可以用窝錾或铅块垫着錾出。也有许多珍珠首饰只用针栓固定，而不用石碗，在这种情况下，针要做得较粗。

（三）针栓

针栓一般用方丝制作，方丝要经过搓拧，丝的粗细要正好能插入珍珠，在石碗上按丝（针）的粗细钻穿。把针插入孔中并焊接，并按珍珠上孔的深度确定栓的长度。把石碗经锉和砂纸处理好之后，与首饰焊接一起。首饰打磨抛光彻底完成之后把珍珠装上。

（四）珍珠粘接

环氧树脂是首饰匠用于粘接珍珠的最常用的胶水。粘合剂分装在两个小管里，用的时候要将二者以同样的量均匀搅拌，粘合剂可以用一根锯丝挑起放到珍珠的孔上，然后把针栓插入，用反向钳或晾衣夹夹紧固定。

粘合剂需经8h干燥，用加热的方法可以缩短干燥时间。可以用电加热器加热，用电灯烤或用80℃焗炉做热源烘干。

（五）珍珠串

串珍珠的绳一般都用丝质。首饰材料行有售，在串线之前，要把珍珠按要求排好。先把绳重复成双股，一头固定在扣上，用针串过珍珠，然后挨个用针打结，结要打得挨紧珍珠。串完所有的珍珠之后，绳头要用胶水粘结，免得散开。

■思考与练习

1. 金属镶嵌主要有哪几种工艺形式？
2. 宝石镶嵌主要有哪几种工艺形式？
3. 透明刻面宝石为什么大多采用爪镶工艺？

第八章　现代首饰设计的基本规律

第一节　首饰设计的定义

所谓首饰设计,指的是把首饰的构思、造型以及材料与工艺要求,通过视觉的方式传达出来并实施制作或生产的活动过程。它的核心内容包括三个方面,即:第一,设计构思的形成;第二,视觉传达方式,即把构思、造型、材料与工艺要求利用视觉的方式传达出来(包括构思文案、三视图与效果图);第三,设计构思通过视觉传达之后的物化过程。

第一个方面,即影响现代首饰设计构思的决定因素。包括现代社会文化背景、现代经济和市场、现代人的需求(包括生理和心理需求两大方面)、现代的生产技术条件等几大基本因素。

第二个方面,现代技术的发展,又使得视觉传达方式变得复杂和发达。传统首饰设计手工绘图或者简单模型制作开始被电脑技术取代,各种首饰设计软件被开发应用,有实力的首饰厂已经实现计算机三维建模、计算机输出铸模、计算机铸造一体化,使得首饰设计变得既轻松又高效,这是传统首饰设计所不具备的。

第三个方面,即设计的物化过程。工业技术发达,生产条件不同,使设计的最终产品有了很大的变化。如颈链的设计已由传统的手工制作发展到现在的机器织链,花色品种更加齐全且比手工制作更加精细。

首饰设计是一门很深奥的学问,综合了多门科学与艺术学科的知识,也是首饰制造业的最重要的一环。无论规模大小,材质贵重与否,都需要设计师。首饰厂大批量生产首饰,设计师需要完成产品开发的任务;个体银匠虽然常年在做自己做惯的款式,但也需要不断变换花样,也有设计的成分;首饰艺术家对于设计、对于艺术思考得最多,更注重精神层面的表现。

第二节　首饰设计的要素与步骤

大多数的首饰设计师或珠宝艺术家都清楚:画图不是设计的全部,而仅仅是设计的一部分,整体的设计应该包括设计构思、材料、工艺和市场等几方面。

虽然设计风格千变万化,设计手法也多种多样,但其规律大致相同。首饰设计一般分为以下三个阶段。

一、创意构思阶段

现代人对首饰的要求不仅仅是其物质属

性，同时也凝聚了人们对精神世界的追求。所以首饰设计必须有很好的创意，即首饰作品所要表达的新颖的意象。

在设计构思的时候，首饰造型虽然对意象的表达起到关键作用，但因材料与工艺是构成首饰形态的物质载体与加工手段，所以材料与工艺对首饰意象的传达也起到举足轻重的作用。从这个意义上来说，在考虑造型的同时，要充分考虑材料与工艺语言的运用以及材料性能、加工工艺对首饰形态的影响。

（一）首饰意象的构思

在首饰设计中，为了方便精神方面的诉求，构思时一般都要拟定一个主题，主题对首饰意象的构思有明确的导向性和强化作用。比如：爱、生命、流行季风、海洋、三月、金秋等，在概念化设计中，主题就是设计灵感的来源，设计灵感的来源既可以是一个具象物，也可以是一种抽象的感觉、信仰或理念。有时设计灵感的来源可能不是设计主题，但它可以衍生出一个主题。

设计主题的确立要综合考虑人（佩带对象）的文化环境、教育背景、年龄、性格、喜好、佩带场合及人的着装造型等整体性因素。如果是商业首饰，要针对以上因素对消费人群做出明确的市场定位。

根据以上要求和设计的主题确定与其适应的造型语言，画出预想图。

（二）首饰的造型与形态构成规律

首饰设计的过程是设计师的设计理念、审美与情感通过一定的构思变为概念形态，以预想图的形式被（视觉）传达出来，并超越材料与工艺等各种限制，最终被物化为现实形态的过程。

在这个过程中，通过一定的材料和工艺的物化过程则是本书所讲的主要内容。而本章主要讲概念形态的形成过程，所谓概念形态通常指尚未物化之前的形态。设计理念、审美与情感，所有这些精神性的内容都需要一定的造型语言体现出来。

从综合构思到成为造型作品，关键是"感觉和判断力"，其核心在于探求形态本质与意象的表现。这时，点线面这些造型元素都有了"表情"，由点线面组合而成的造型就成了设计理念、审美与情感的代言。

1. 造型元素的内在规律

（1）点。康定斯基在他的著作《点·线·面》中是这样描述的："点本质上是最简洁的形……它的张力最终是向心的……点纳入画面并随遇而安。因此，它本质上是最简明稳固的宣言，是简单、肯定和迅速地形成的。"不论是绘画还是在首饰设计中，点已不是几何学意义上的点，这里的点有大小，有一定的形状（点的大小和形状视作品意象表达的要求而定），且能传达一定的精神内容。

在首饰设计的实际应用中，点并不是孤立存在的，在形式结构上点依附线或面的支撑，设计得越得体，这种线或面的支撑结构越隐退。严格来讲，这里的点指相对于整个首饰造型或造型中较大的局部体块而言的小的面或块体。这些小的面或块体可以是规则的几何形体，也可以是不规则的自由型或自然物，如异型珍珠或自然金属矿块。

点在设计应用中的意义在于：如果多个点依附于线的支撑，那么它就具有了线的性质，一定的张力或导向性；如果多个点依附于面的支撑，实际上这些点已经具有了肌理的意义，不管这些点的大小、形状或排列的高低、聚散的秩序如何。"肌理对于结果是一种手段……它必须服从于构图的观念和目的。"肌理对精神内容的表达是很有用和有效的。

以点为主构成首饰形态的实例：

（a）依附于线支撑的点（珠、石串类，图8-1）。

（b）依附于面支撑的点（图8-2）。

（c）面镂空的点（图8-3）。

（2）线。"在几何学上，线是一种看不见的实体。它是点在移动中留下的轨迹……它是由破坏点最终的静止状态而产生的，这里我们有了从静到动的一步。"在《点·线·面》一书中，康定斯基还从线的两种基本属性：张力与方向的角度论证了各种形式线的力象与意象，比如，"曲线与直线的内在区别在于张力的量与类

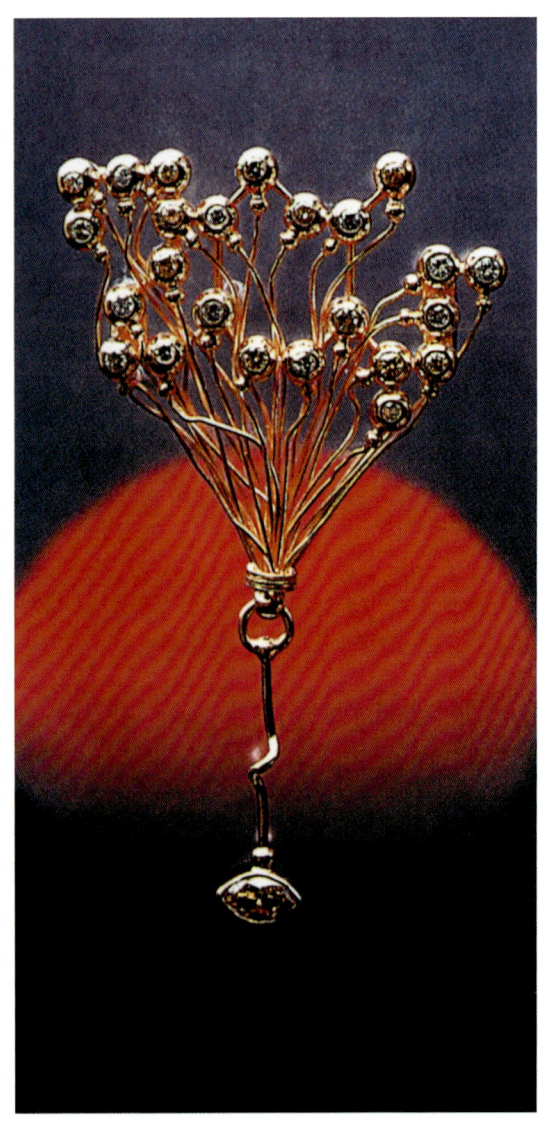

图8-1 依附于线支撑的点

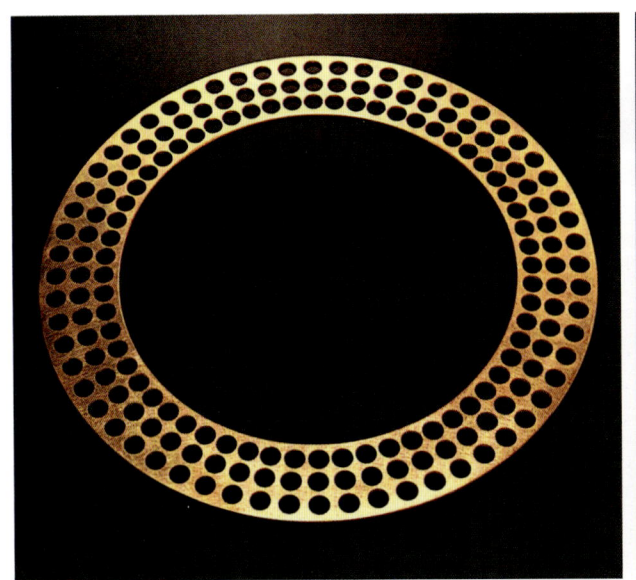

图 8-2　依附于面支撑的点

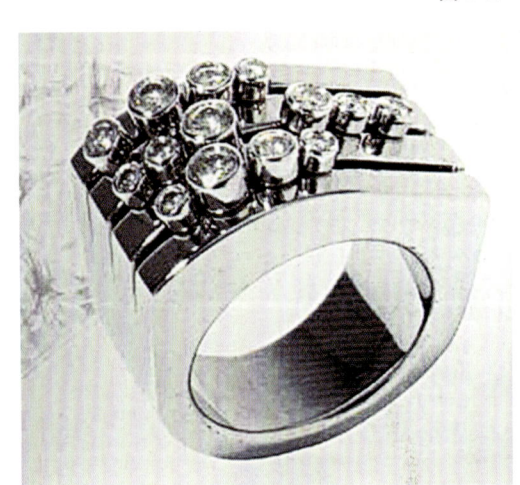

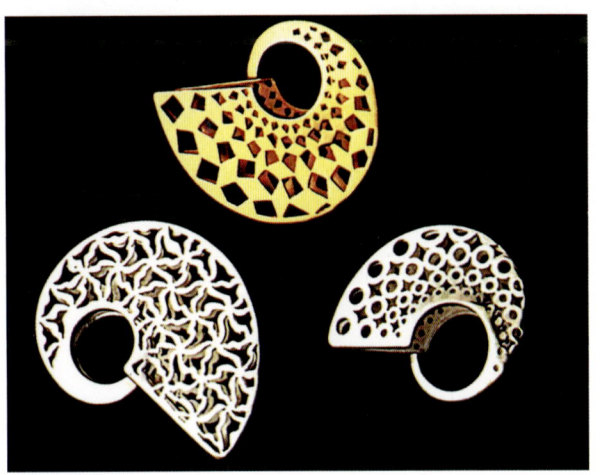

图 8-3　面镂空的点

不同：直线有两种直接的、基本的张力，但这种张力在曲线中所起的作用并不重要——它的主要张力在于弧……当角的硬度消失时，这里就有了更大的抑制力，虽然它可能减弱了冲击性，但它本身却潜藏着更大的韧力。在曲线中同时还存在有一种类似角的莽撞的少年秉性和壮年真正自信的能力。"

在首饰设计的实际应用中，有三种性质完全不同的线。

第一种线是相对于几何学意义上的线，这种线有粗细，有长短，有曲直；截面有方有圆，粗细有规则的，有不规则的。严格来讲这种线可以称之为线体。

第二种线是面与面之间的交界线或面的边缘线，这种线又有多种表现形式，比如，两个平面的交界线是直线；一个平面与一个弧面的交界线可以是弧线，也可以是直线；多个自由曲面的交界线为自由曲线，这条曲线可以是有两个端点的曲线段，也可以一端或两端慢慢虚隐，所不同的是，前两者是二维的，而这种曲线是三维的。

第三种线是依附于平面或曲面的装饰线，这种线往往具有符号或肌理的意义，其空间占有形式随面的性质而定。

以线为主构成首饰形态的实例：

（a）全部由线（包括直线、弧线、曲线、折线、折曲线……）构成的首饰形态（图8-4）。

（b）以线为主的点、线相结合后构成的首饰形态(图8-5)。

（c）以线为主的线、面结合构成的首饰形态(图8-6)。

（d）面的交界或边缘所派生的线的效果（图8-7）。

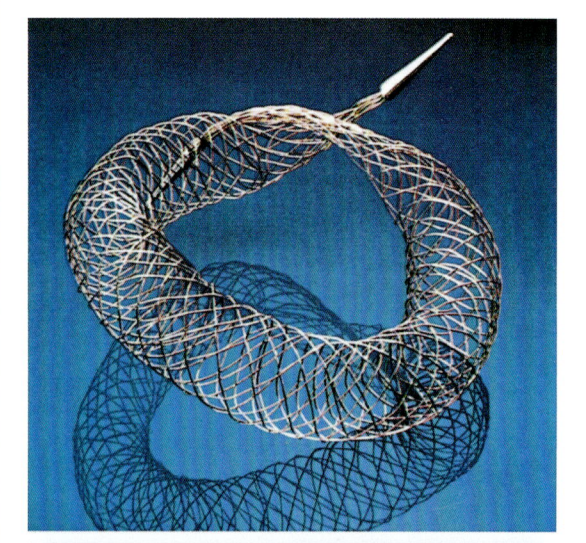

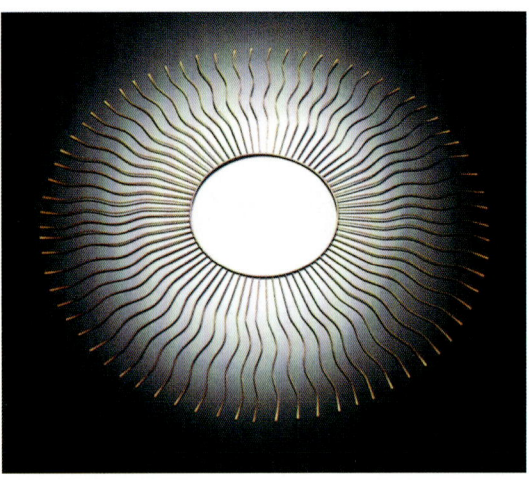

图8-4　全部由线构成的首饰形态

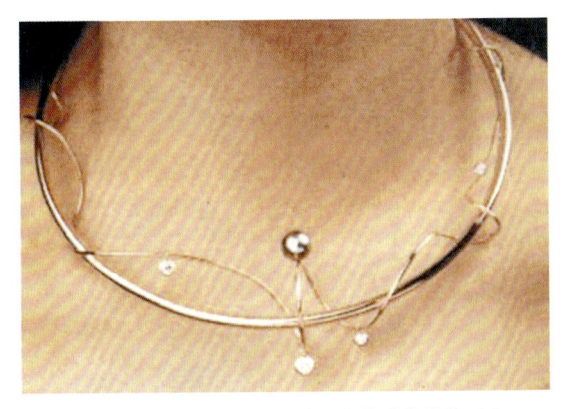

图8-5 以线为主的点、线结合构成的首饰形态

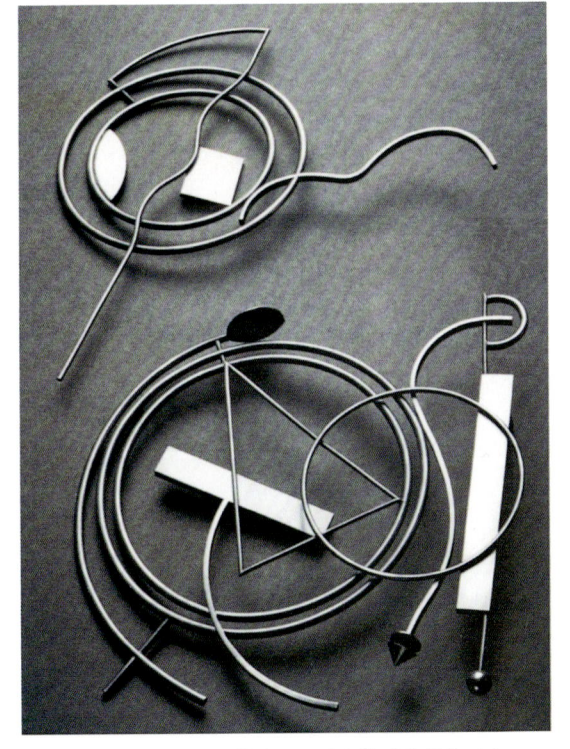

图8-6 以线为主的线、面结合构成的首饰形态

（3）面。几何学上主要分平面、弧面、折面和曲面。平面分为多种形状，曲面又分规则曲面和自由曲面；从其表面属性上可分为光滑的面和各种肌理面；从其材料属性又可分为各种质感的面和各种色彩的面。

康定斯基在《点·线·面》一书中主要从画面的角度论证了因构图不同而导致的内在张力的变化，同时也强调"……这些张力不仅适用于非物质化的平面，而且同样也适用于难以确定的空间"。

在关于面的论述中他再次强调了肌理的性质和作用，"肌理最丰富的可能性都因它的制作加工而存在：平滑、粗糙、颗粒状的、荆棘状的、抛光的、无光泽的以及三度空间的面……肌理……从两方面提供了一种精确的、但灵活而机动的处理机会：一是肌理与各要素形成一种对应的方向，并因此通过起主导作用的外在手段使它们得以强化；二是常常按照对比的法则，即处在各要素的外在冲突之中，并使它们本质上得以强化。"

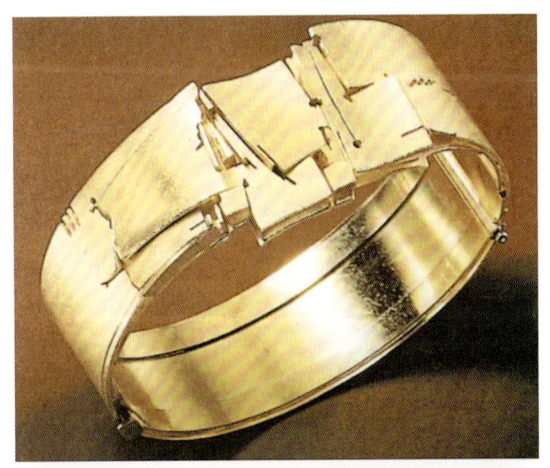

图8-7

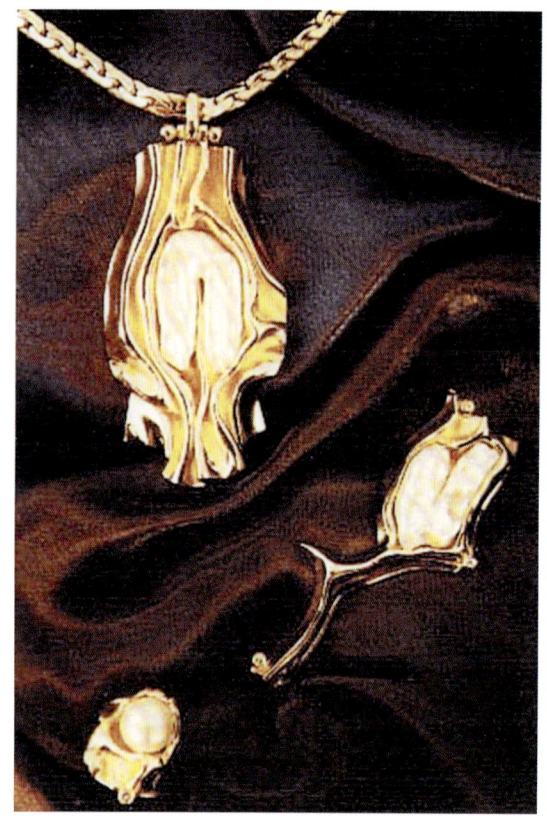

图8-7　面的交界或边缘所派生的线的效果

以面为主构成首饰形态的实例：

（a）纯几何形的面（平面、弧面、折面和曲面，图8-8）。

（b）由线直接构成的肌理面（编织、花丝等，图8-9）。

（c）由点构成的肌理面（镂空、各种小块面、铺路镶宝石等，图8-10）。

（d）以面为主，点、面结合(图8-11)。

（e）以面为主，线、面结合(图8-12)。

（4）点、线、面结合。除上述的首饰构成形态外，在首饰设计过程中，设计师经常把点、线、面三种元素综合使用，形成风格独特的首饰造型。

图8-13为点、线、面结合构成的首饰形态。此外，利用天然形态（异形珠、天然金块、

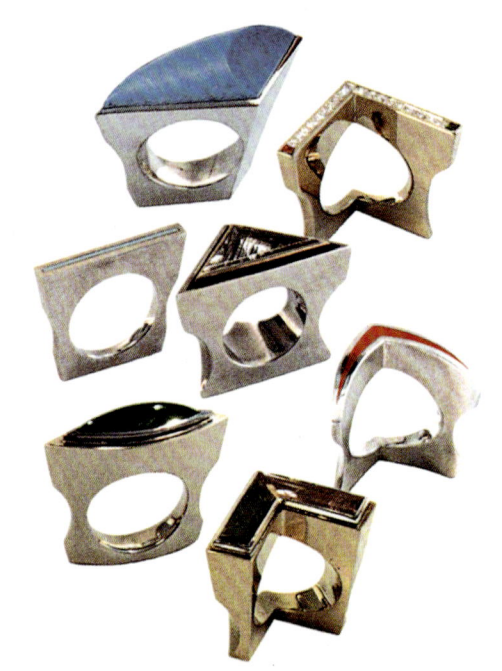

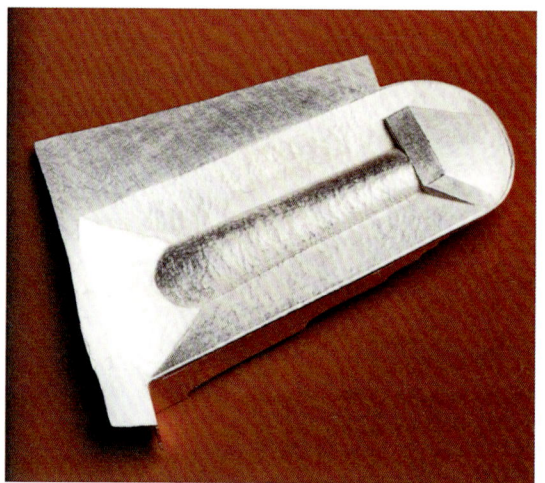

图8-8　纯几何形的面

图8-9　由线直接构成的肌理面

第八章　现代首饰设计的基本规律

图 8-10　由点构成的肌理面

图 8-11　以面为主，点、面结合

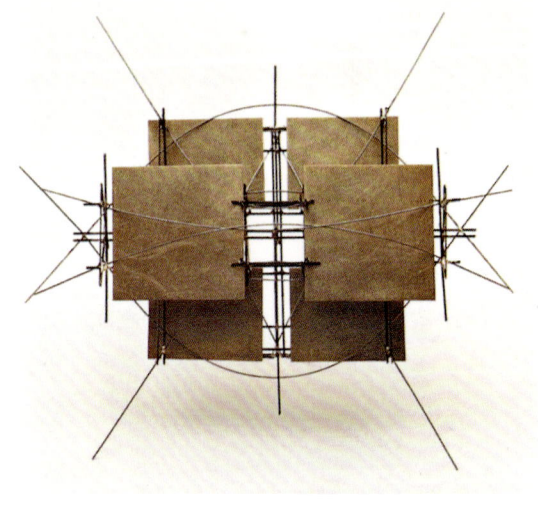

图 8-12　以面为主，线、面结合

石块等）再创造而成的首饰造型，也往往产生出人意料的效果（图 8-14）。

2、形式美的规律　在造型设计这类学科中，除了研究点、线、面等造型基本元素以外，还应研究把这些造型元素构建为造型形态的内在规律——形式法则。

造型中的美是在变化和统一的矛盾中寻求"既不单调又不混乱的某种紧张而调和的世界"。这些充满矛盾条件的形式结构，叫作形式法则，又叫形式美的规律。由于许多书中都有这方面的内容，在此我们不做主要阐述，仅介绍一些最基本的内容。

（1）对称与均衡。在造型秩序中，最古老最普通的内容之一就是左右对称，这在自然形态，包括人类自身和人工形态中有着数不清的例证。除左右对称以外，还有上下、反射、旋转等对称形式，在传统的珠宝首饰设计中对称是常用的造型手法之一。

117

均衡并不是物理上的平衡,而是视觉上的均衡。视觉的均衡与力学的平衡相似,却不相同。对于造型艺术来说,自然很重视视觉上的均衡。通过视觉的均衡可以保持秩序。不过,均衡较之对称而言,更要寻求变化的秩序。如果再经过组合(视点的停歇、方位的权衡、视觉习惯的适应),则可以在视觉世界中创造出更多复杂的均衡状态来。现代首饰设计中运用均衡的造型手法相对较多。

表现为对称与均衡的首饰如图 8-15。

(2)对比与调和。两个以上的部分构成整体时,通常处于对比关系的情况较多。主动运用对比可以打破单调死板的格局,造成重点和高潮。

对比的造型概念都是对应的,比如在现代首饰中常用的对比有:粗与细、大与小、实与虚、重与轻、硬与软、锐与钝、凸与凹、厚与

图 8-13 点、线、面结合构成的首饰形态

图 8-14 利用自然形态再创造而成的首饰形态

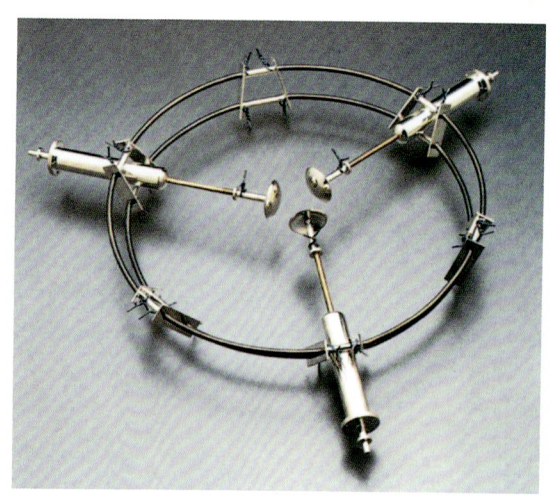

图 8-15 对称与均衡

薄、明与暗、高与低、聚与散、动与静、多与少、直线与曲线、水平与垂直、光滑与粗糙、透明与不透明、发光与无光、上升与下降、离心与向心等。在造成对比关系的同时，形态诸部分的对比变化不要太过，以避免造成矛盾冲突太大，这时的对比就应有一定的度，在对立中寻求一种统一的关系，这就叫调和。调和可以通过明确各部分之间的主与宾、主与次、支配与从属或等级序列关系来达到。

表现为对比与调和的首饰见图 8-16。

（3）节奏与韵律。节奏近乎于"节拍"，它是一种机械的律动。在造型中，节奏则主要意味着疏密、刚柔、曲直、虚实、浓淡、大小、冷暖……诸对比关系的配置合拍。具体的节奏形式有重复、渐变和交替。韵律，从广义上讲是一种和谐美感的规律，确切讲在艺术中它是形象在节奏的节制、推动、强化下所呈现的情调和趋势。如体量和线条的韵律、序列等。韵律是一种潜在的秩序，一种含蓄的美感，好的首饰设计作品时常流露出韵律的美感。

表现出节奏与韵律的首饰见图 8-17。

（4）比例与尺度。比例是造型时一定要考虑的问题之一，也是在形体之间谋求统一、均衡的数量秩序。

尺度是由人对形体进行的相应的"衡量"（不仅是对形体的绝对大小、还包括所有组成部

图 8-16　对比与调和

分的划分、表面处理和色彩），是形体及其局部的大小同它本身用途相适应的程度，以及其大小与周围环境特点相适应的程度。

在造型设计中，比例与尺度密不可分。在设计师设计首饰的时候，所设计首饰与人体的比例关系是在设计之前就要考虑的问题，首饰造型各部分之间的比例关系决定着首饰的精神内容能否准确地传达和首饰造型是否具有美感。在同等比例的情况下，体型高大的人要比体型偏小的人所佩带的首饰大一些。比例与尺度在首饰设计中的应用见图8-18。

图8-18 比例与尺度

首饰设计中经常用到的形式法则还有很多，肌理的效果与色彩的应用也能产生强烈的视觉效果（图8-19，图8-20）。

设计构思时，注意确定设计的对象（如戒指、胸针、链坠等）的材料、重量与价值，处理好佩带功能的要求与首饰造型结构的关系，首饰的佩带构件与其他部分的造型一样，都要纳入整体造型计划，如：戒指的佩带结构——戒圈，吊坠的悬挂结构（包括链、绳）的形式与空间都要与整体造型合拍。这些都是首饰的造型设计要密切注意的。

至此，首饰构思阶段已完成，首饰设计进入视觉传达阶段。

图8-17 节奏与韵律

第八章　现代首饰设计的基本规律

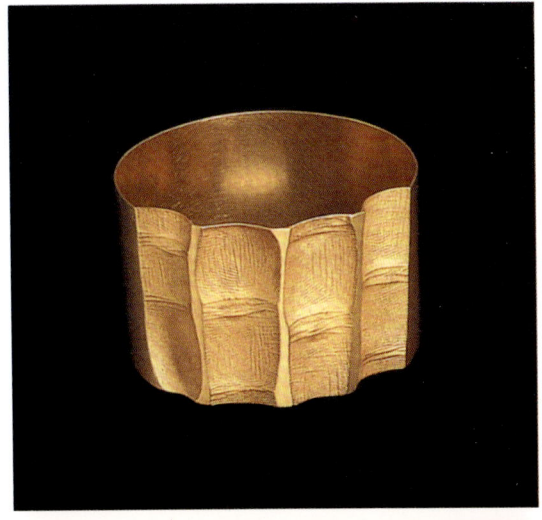

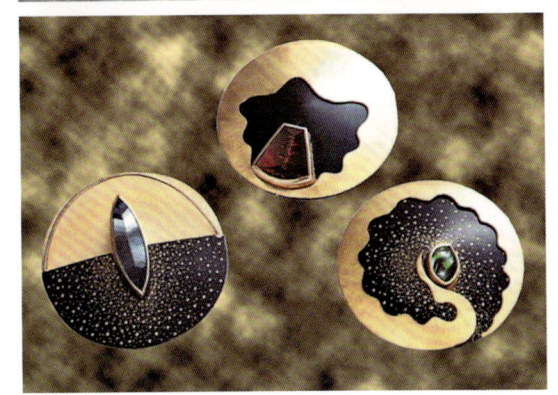

图 8-19　肌理的效果

二、视觉传达阶段

首饰设计的视觉传达是指有基本构想以后，把设计构思以预想图（三视图与效果图）的形式表现出来（重要的设计还要附加文案），传统的视觉传达手段一般是手绘预想图，有时要制作仿真模型。视觉传达阶段主要是强调形式感的表达和推敲造型与力象的表现过程。随着计算机应用的普及，许多专门软件被开发出来用于产品造型的制图，其中首饰制图软件已经相当成熟，有些甚至能够做到视觉传达与首饰生产数字化一条龙，大大提高了生产效率，这已成为以后首饰生产的必然趋势。

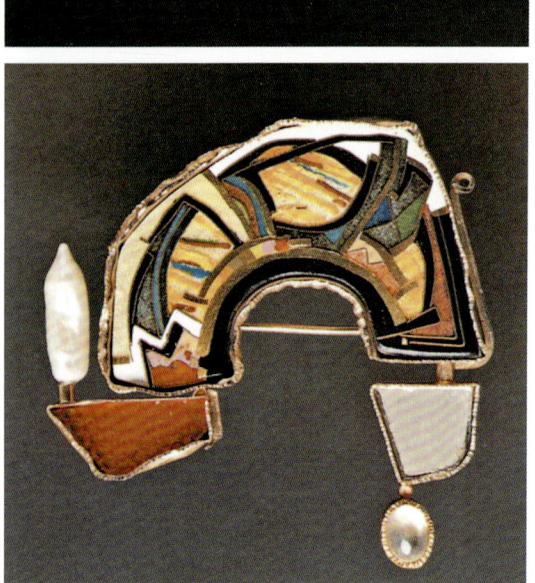

图8-20

图 8-20　色彩的应用

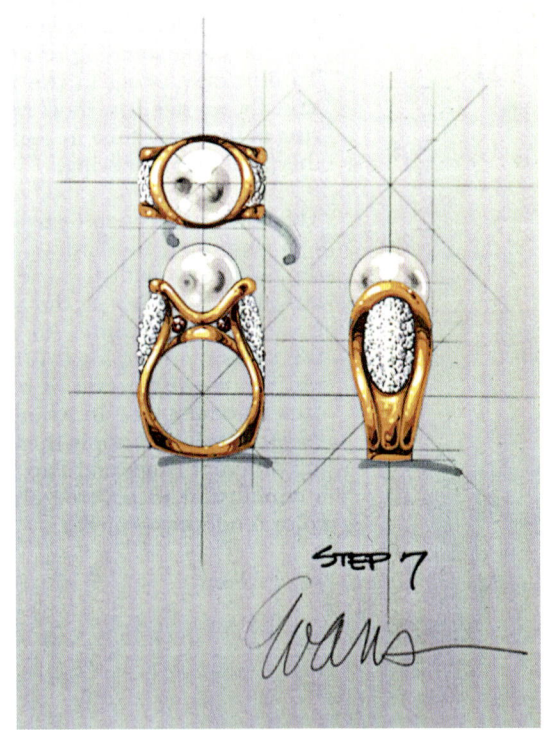

图 8-21　手绘预想图

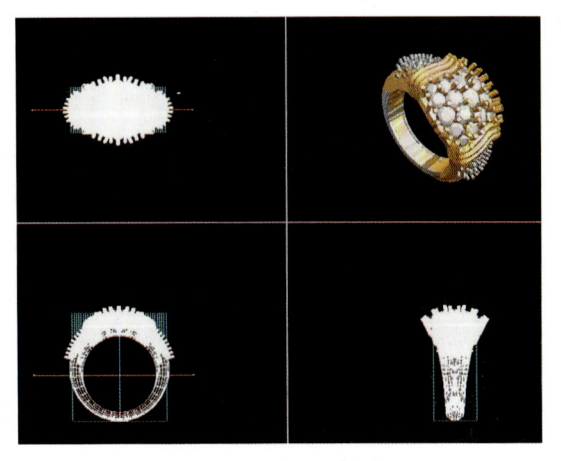

图 8-22　计算机设计预想图

　　首饰设计的视觉传达有两种情况需要分开来讲。一是大批量生产的首饰设计，根据已拟定的主题，确定设计理念，写出文案，画好预想图，标好材料及工艺处理方案，然后交由打版师傅打版，再由工厂生产就可以了（图8-21，图8-22）。

　　二是艺术家或设计师在设计或制作艺术首饰或个性首饰时，视觉传达已经变得不是特别重要，预想图可能仅是一个强调构思感觉的草图，因为有的设计（特别是艺术首饰或个性首饰）很难用三视图与效果图来表现，而艺术家在雕刻蜡模或手工制作的时候往往会有很多即兴的表现。

　　在制作的过程中，有时也会出现一些意想不到的偶然效果，这些偶然效果可能会使设计理念得以进一步强化。因此，把握好这些偶然效果，本身就属设计范畴。

　　有时材料可能突然启发了设计师的灵感，比如一颗不被看好的异形珍珠，一块有瑕疵的半宝石，都有可能成为设计师眼中"设计的全部"，这时因为他发现了材质中所蕴涵的美，再经过一定的工艺制作，一件优秀的设计作品就呈现在我们面前。在这个案例中，发现材料、处理材料的过程就是设计的过程。

因此，从某种程度说，制作的最后完成才算是设计完成。设计贯穿于构思、预想图、材料与工艺制作的全过程。

三、首饰设计的物化阶段

对于首饰艺术家或设计师来说，材料是进行创作、传达精神理念的载体。无论是天然材料还是人工材料，在首饰作品中所表现的都不再是材料物质本身，艺术的创作从根本上改变了物质本身的传统属性，并赋予它新的精神内涵。并且这种精神内涵在物化过程中传达得越自然，其材质属性越隐退。首饰设计正是合理运用各种与传达精神内涵相适应的材料，甚至开发利用一些新材料来传达首饰的精神内涵。对首饰材质美的表现也是首饰设计的一部分。

首饰作为一件艺术作品，材料是精神内容的载体，而工艺则是实现它的手段和途径，工艺的优劣将直接影响设计意图的传达。

首饰设计中的工艺和一般意义上的工艺在概念上有所不同，首饰设计中的工艺要求首饰进行加工处理过程的同时要兼具较高的审美意识和个人技能，并且能够将审美意识和个人技能贯穿在整个工艺中。因此我们不能肤浅地认为工艺只是通过一定技术制造首饰，更应该看到工艺后面的历史和文化的积淀。作为设计者和首饰制作者，只有把工艺提高到人类社会文化历史的高度来加以认识，才能真正把握工艺的精髓，才能随心所欲地去体现工艺及工艺所蕴含的文化。

总之，首饰设计的特质就在于它既不是单纯的艺术，也不是单纯的技术，而是工艺与审美、艺术与技术的完美结合。

单纯的艺术并不能简单地囊括首饰设计最终效果的全部，而精湛的工艺则是实现最终效果的前提和保障。倘若不能深刻理解首饰工艺的内涵，所谓的设计只能是空中楼阁；倘若仅有金工技术而无一定的艺术水平，其作品也将缺乏美感和艺术魅力。

越来越多的人认识到："设计的目的是人，而不是产品"，即以人为本的设计思想。因此，成功的设计在物质方面必须符合实用、方便、经济及质优的原则；而在精神方面则必须具备美观、有品位、富有创意和风格独特的条件。现代首饰设计除了在运用材料上给人以愉悦、富足感和个性化，更应该在设计表现形式上给人以精神的满足和净化。

因此，首饰的物化过程虽然是以一定的工艺技术作用于材料的制作过程，但人的意识与精神内容每时每刻都贯穿于这个过程的每一个细节，直到制作完成。至此，设计师所要表达的内在的精神内容，已经被外化为一个实实在在的物质实体——首饰。并且这件首饰以审美的中间介质的身份随时接受人们的解读，尽管可能人们对首饰所传达的精神内容仁者见仁，智者见智，但它却实实在在影响了人们的精神生活。

作为一个首饰艺术家或设计师，除了应该对首饰材料与各种制作工艺有相当的理解与驾驭能力外，还要有丰富的社会、政治、经济、文化、艺术与审美心理学等诸层面的知识，并在具体的设计实践中锻炼，把这种内在的精神信息由内及外地自然传达出来。这种设计的自然传达能力是每一个优秀设计师应该备有的。

第三节　首饰设计能力的提高与培养

为提高首饰设计专业学生或设计师的设计水平，应该把着重点放在创造力和综合能力的培养上。

一、首饰设计创造力的培养

（一）开拓构思，启发独创性

首饰设计创造力是指在进行首饰设计时，从个人的直觉出发，基于对首饰功能与所要表达精神内涵的理解，以点、线、面、色彩和肌理等造型元素，以及材料、工艺等表现手段所能展开构思的广度和深度。为了引发构思，首先要学会多角度观察客观事物的方法，以便发掘问题，完成分析和洞察，并进行海阔天空的想像。因此，突破焦点透视，恢复"全面视境"是造型活动的一个关键。理由很简单：我们创造的是从未有过的艺术形象而绝不是对客观对象的复制，所以必须按照知觉的规律去观察，按照心理的规律并利用形态构成要素去创造。其次是创造性思维问题。把直觉思维与逻辑思维有机结合起来并形成习惯，多层面、多向度思考问题，这不仅是现代首饰设计必需的，而且对于所有造型领域都是非常重要的。

（二）培养空间感觉和直观判断力

从综合构思到成为造型作品，关键是"感觉和判断力"，其核心在于探求形态本质——力象的表现（从物理和生理上来说，形态的本质是内力的运动变化；作为认知心理，形态的本质乃为力象）。感觉和判断力的提高，一要靠理性的指导（只有理解了的东西才能更好地感受它），逐步建立三种造型意识：图像意识——图形、图识和图理；实体意识——立体的多面性、虚实性和量感；空虚意识——空间的场性、渗透性和序列。二要靠比较（有比较才有鉴别），既要赏析优秀的首饰设计和相关造型作品，更要通过大量的练习以强化比较。培养空间感觉和直观判断力，做大量的雕塑和立体构成练习是行之有效的方法，国际上几乎所有的首饰设计学院都把雕塑和立体构成作为其专业基础课，甚至有些首饰设计科目就隶属于雕塑专业。

（三）在实践中了解材料并发展表现技术

优秀的首饰设计师和首饰艺术家的经验表明：在制作实践中可以锻炼和形成丰富而灵动的个性化的设计思维和表现技术。

在一定物质条件下将构思外化为艺术形象的手段是技术，技术为个人所掌握就成为技能。设计师应该参与到珠宝首饰的进一步设计与制作中，并亲自解决每一个工艺或技术问题，以设计师自己最直接的话语方式，促成这种由内在精神到物质外化的精确表达。

制作首饰的过程也是我们对各种材料的颜色、折光性、强度（抗拉和抗压强度）、硬度、密度、可熔性、可铸性（收缩率、流动性）、延展性、耐久性等物理性质的感性认识过程。在对材料感性认识和掌握传统工艺的基础上，利用金属的延展性、可铸性、可熔性我们可以创新出任意多种造型和肌理的新方法；利用宝石具有折光性的特点，越来越多的新异琢型被开发出来，首饰形态的表现空间越来越大；随着材料表面处理技术的不断发展，如利用电镀、真空镀膜、电解技术以及化学处理，可以改变金属表面的光泽效果、硬度和做出各种肌理；电铸成型技术可以补充熔模铸造技术的不足等等。在首饰制作过程中，各种首饰材料常常会以其本身特有的质地、肌理、颜色促使我们视觉兴奋，激发我们产生许多特别的审美感受，如黄金的高尚、华贵，白银的含蓄、高雅，钻石的绚丽多彩和各种有色宝石流光溢彩；以手触摸又会给我们以光滑、柔软、温润或是坚硬、清凉的触感；有节奏的锻击、锉磨、锯钻发出的声音，又给我们带来听觉上的愉悦，所有这些感官的刺激使我们在首饰力象的表现方面更容易进入状态。亲身实践产生的感性认识对拓展设计思维的广度和深度非常有效。

在实践过程中积累对材料和工艺的感性认识，并不断发展新的表现技术，是我们对设计创造力培养的必由之路。当我们以恰当的工艺技术把材料中所蕴涵的潜在的形式美感和构思所设定的精神内涵表现出来时，就获得了超越心理预期的视觉效果和情感的升华，这样我们就能经历前所未有的愉悦和轻松的体验。

二、首饰设计综合能力的培养

首饰是作为美和情感传达的载体而存在的，首饰设计是一种对物质性与精神性都有高度要求的设计艺术。

21世纪，人类社会进入一个新的经济时代，数字化、信息化、产业化的兴起以极快的速度改变着人们的观念、生活和思维方式。现代首饰作为新时代文化和精神的一种象征，必将被要求有更高的审美性和功用性。而"现代"所包含的意义也绝不仅仅是生产方式的转变和工艺技术的进步，它更多地要求人们在这个过程中对精神需求重新构筑，包括政治、经济、社会、文化诸层面在内的全方位的转型。

"现代首饰设计"也是相对以往时代的设计而言的，是符合现代生活方式和现代审美观念的设计形态。本书探讨的现代首饰设计是在新的时代背景下适应当代审美要求和大众情感要求的设计观念。但这并不是抛弃原有的历史上留下来的工艺和经验，而是试图在原有基础上进一步创新和发展。应当注意的是，现代和传统的区别不仅仅在于表面的形式和工艺上的区别，更重要的是隐藏于它背后的社会结构、生产方式、审美心理等诸层面的不同。

现代社会面临的首要问题是人与人、人与自然、人与自我的新问题。因而，现代首饰设计观念必将以注重人的精神需求，尊重人的情感和习俗，正视并尊重审美主体（消费者）在审美方面的需要为前提。时代的要求，将使得在经济原则上强调设计的生动性和人性化，重视首饰的功用性和适用性成为现代首饰设计的方向。

尽管高度发达的科技已经使我们的现代社会发生了巨大的变化，但是我们仍然能够在原有的文化土壤中找到与我们心灵共鸣的切入点。创新的思想可以对历史丰富的素材重新阐释，设计出既具有历史文化特征又符合现代人心态的作品。

从首饰设计的产生环境以及首饰设计的产生过程来看，综合性是首饰设计的一个重要特征。首饰设计师使首饰提供功能的同时，还要充当表达民族、传统、人性以及个性特点的多重角色。成功的首饰设计可以说是设计者超越材料与工艺、需求与市场、功能与审美、文化与环境等诸多因素的限制，达到自由境界的结果。从一定意义上来讲，首饰设计的过程就是对设计师综合知识和综合能力检验的过程。歌德说"你若要跨入无限的世界，请将有限的世界都走遍"。超越的限制越多，作品所蕴涵的智慧越多，体现出设计者的综合能力越强，成就感就越大。因此，设计师除了要有一定的创新能力外，还要注重对上述多种知识的掌握与综合能力的培养。

■ **思考与练习**

1. 首饰设计的定义是什么？
2. 以线为主构成的首饰有哪几种表现形式？
3. 为什么首饰设计要注重创新能力和综合能力的培养？

现代首饰工艺与设计

优秀首饰设计欣赏

优秀首饰设计欣赏

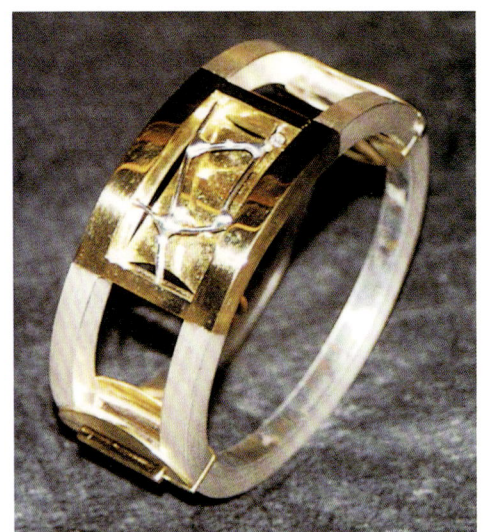

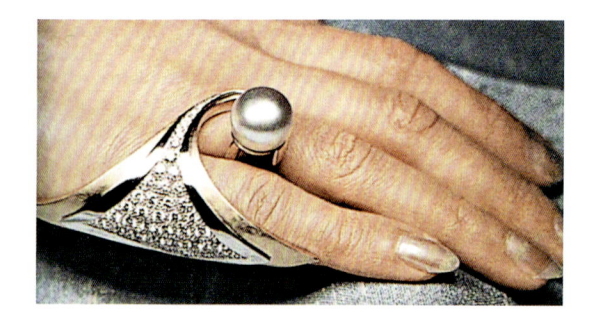

现代首饰工艺与设计

优秀首饰设计欣赏

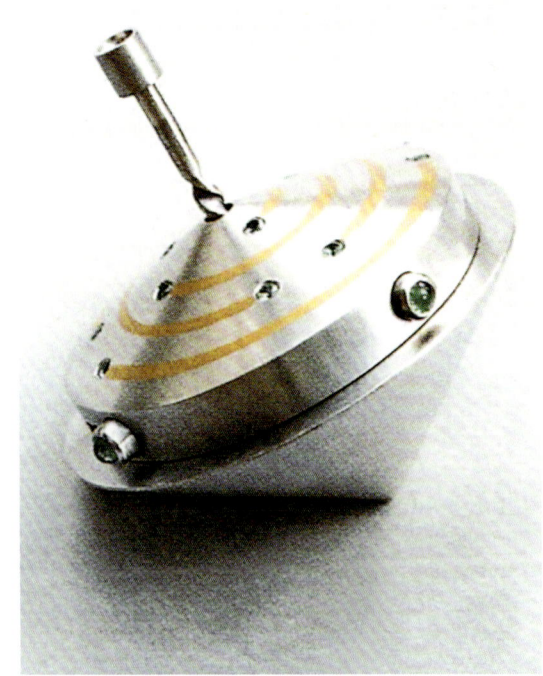

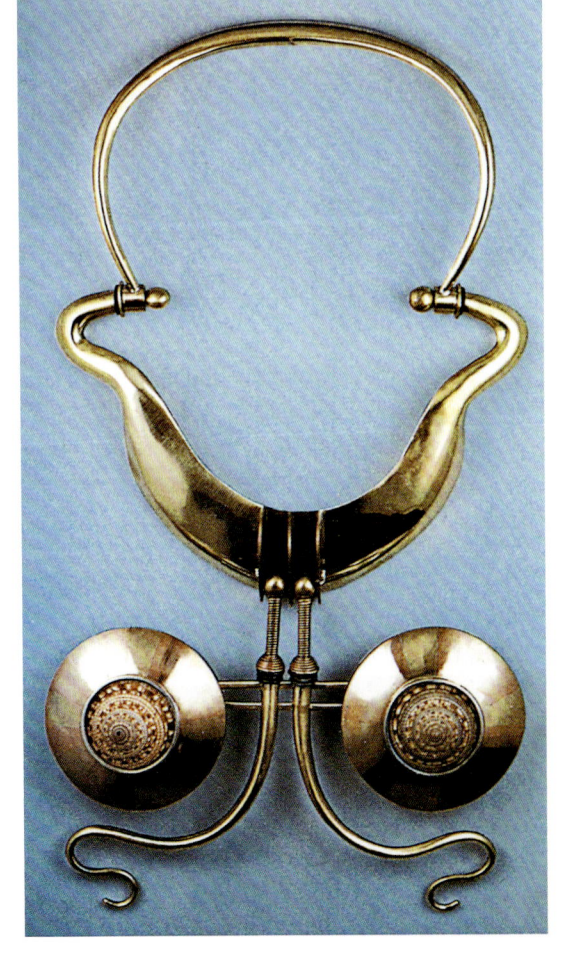

131

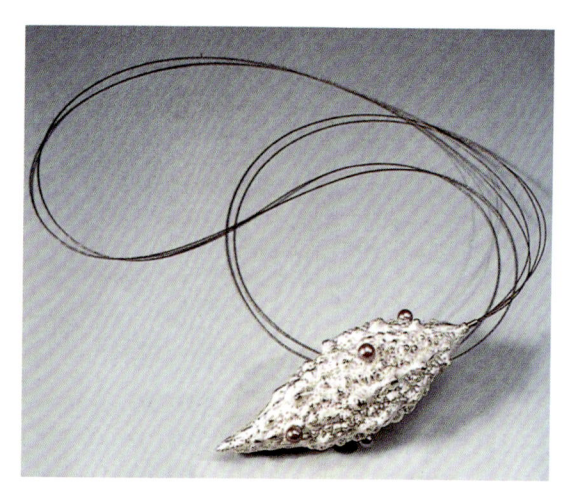

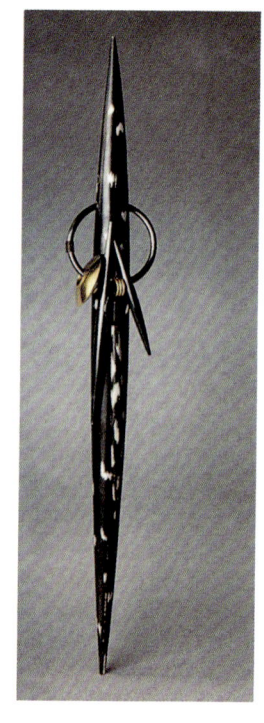

现代首饰工艺与设计

优秀首饰设计欣赏

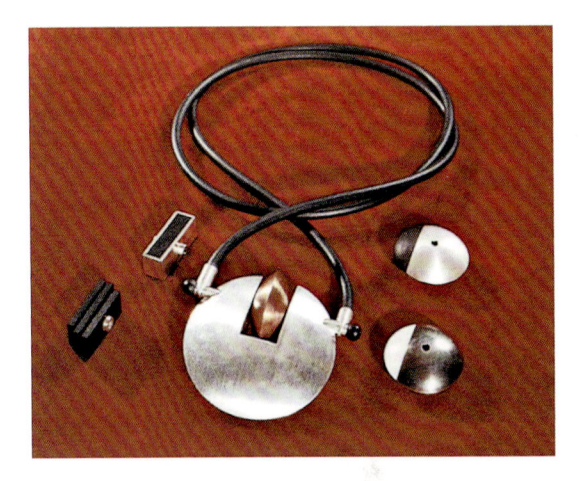

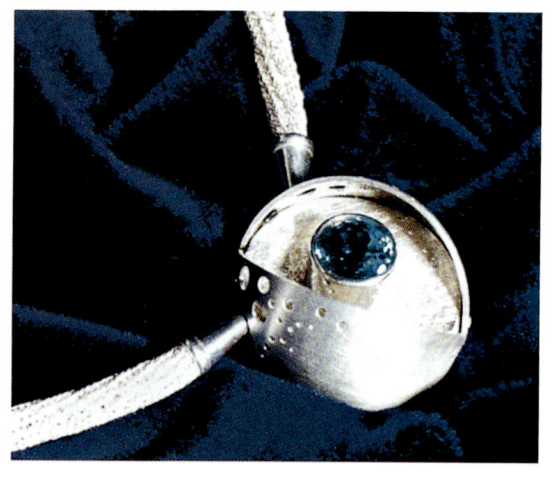

现代首饰工艺与设计

优秀首饰设计欣赏

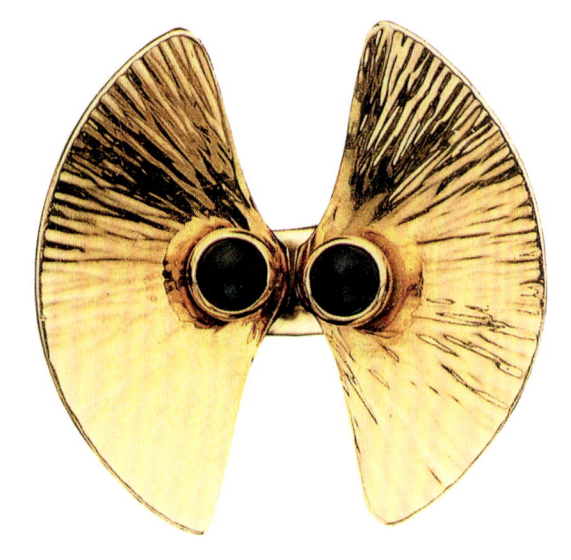

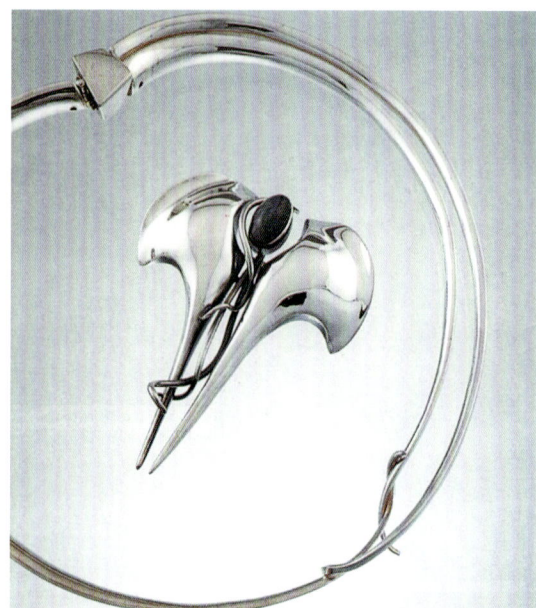

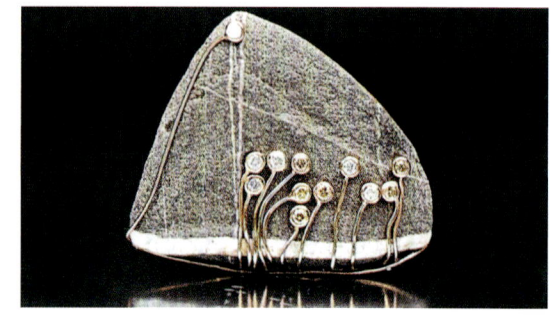

现代首饰工艺与设计

图书在版编目 (CIP) 数据

现代首饰工艺与设计 / 邹宁馨，伏永和，高伟编著. —北京：中国纺织出版社，2005.7（2023.3 重印）
（高等艺术设计专业系列教材）
ISBN 978 - 7 - 5064 - 3229 - 0

Ⅰ．现… Ⅱ．①邹…②伏…③高… Ⅲ．①首饰－生产工艺－高等学校－教材②首饰－生产工艺－高等学校－教材 Ⅳ．TS934.3

中国版本图书馆 CIP 数据核字(2005)第 043895 号

策划编辑：余莉花　　责任校对：俞坚沁
责任设计：由炳达　　责任印制：王艳丽

中国纺织出版社出版发行
地址：北京市朝阳区百子湾东里 A407 号楼　邮政编码：100124
邮购电话：010 — 67004461　传真：010 — 87155801
http://www.c-textilep.com
E-mail: faxing @ c-textilep.com
北京华联印刷有限公司印刷　各地新华书店经销
2005 年 7 月第 1 版　2023 年 3 月第 7 次印刷
开本：787 × 1092　1/16　印张：9.25
字数：151 千字　定价：42.00 元

凡购本书，如有缺页、倒页、脱页，由本社市场营销部调换